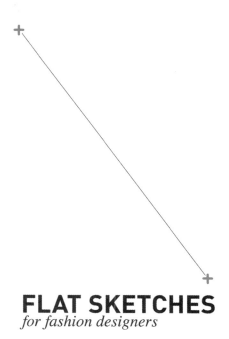

FLAT SKETCHES
for fashion designers

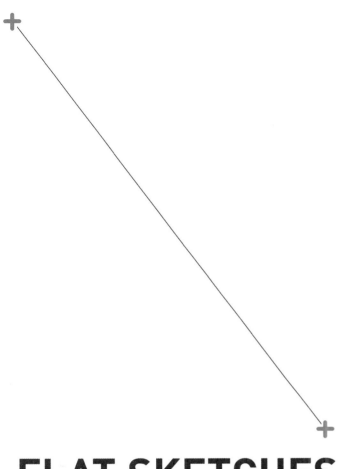

패션 디자이너의 도식화

FLAT SKETCHES
for fashion designers

박주희

교문사

목차

서문

패션 디자이너가 그리는 도식화는 디자인의 첫 번째 발의이고
디자인실장, 모델리스트, 샘플봉제팀 나아가 기획팀, 생산팀, 영업팀 등 사내는 물론,
협력업체들과의 커뮤니케이션 도구이다.
다시 말해, 도식화는 단순히 디자인 제시의 목적만이 아니라
옷이 완성되어 매장에 진열되기까지의 모든 내용을 담고 있는 언어여야 한다.
따라서 디자이너는 오랜 세월에 걸쳐 실무에서 굳어진 무언의 약속들을 학습하고 훈련해야 한다.

_ 입은 모습을 그린다.

팔을 내리고 다리를 모은 바른 자세로 입은 모습이 연상되도록 그려야 하며,
자를 대지 않은 자연스러운 선으로 그려야 한다.
길이나 폭에 오차가 있더라도
자를 댄 것보다는 자연스러운 선이 패셔너블하기 때문이다.

_ 패션 트렌드를 반영해야 한다.

옷의 유행에 따라 도식화도 변화해야 한다.
상의의 어깨 폭, 하의의 허리선 위치 등 트렌드는 바뀌는데
일정한 틀을 고수하는 오류를 종종 본다.

_ 약속을 지켜야 한다.

실무에서 서로 약속된 언어들이 있다. 절개선은 실선으로,
상침선은 점선으로, 다트와 플리츠의 구별, 주름 방향의 표시,
지퍼의 위치표시 등 약속된 언어를 사용하는 것이 중요하다.

_ 디테일을 명확히 설명해야 한다.

상침간격, 주머니 입구표시, 절개와 덧댐의 구분, 각 부분의 크기 등
옷을 만드는 데 필요한 모든 내용이 산만하지 않게 모두 표현되어야 한다.

도식화를 정복하려면 옷의 구성선을 정확히 알아야 한다.
디자인과 함께 의복구성이나 봉제 테크닉도 두루 익혀야 하고,
무엇보다도 실제 만들어진 옷을 자세히 살펴보는 것이 중요하다.
디자인실에서 디자인 스케치를 할 때도 비슷한 실루엣이나 디테일의 실물견본을 직접 보고 그리기도 하며,
작업지시서를 작성할 때는 품평견본을 보고 정확한 실루엣과 디테일을 그림으로 옮긴다.
섣불리 머릿속 디자인을 옮기려 하기보다는,
옷장 속의 옷들부터 먼저 그려보면 많은 것을 배울 수 있을 것이다.

선연습 Line

도식화는 곡선과 직선이 혼재된 옷을 Free Hand로 좌우가 대칭이 되도록 그려야 한다.

Free Hand 및 좌우대칭을 위해서는 선연습이 필요한데, 손목보다는 팔 전체를 위아래로 움직이면서 몸의 실루엣을 살리는

직선연습을 한다. Straight Skirt 및 Bell Bottom Skirt의 좌우 실루엣 선을 같은 힘으로 자연스럽게 그리는 연습을 한다.

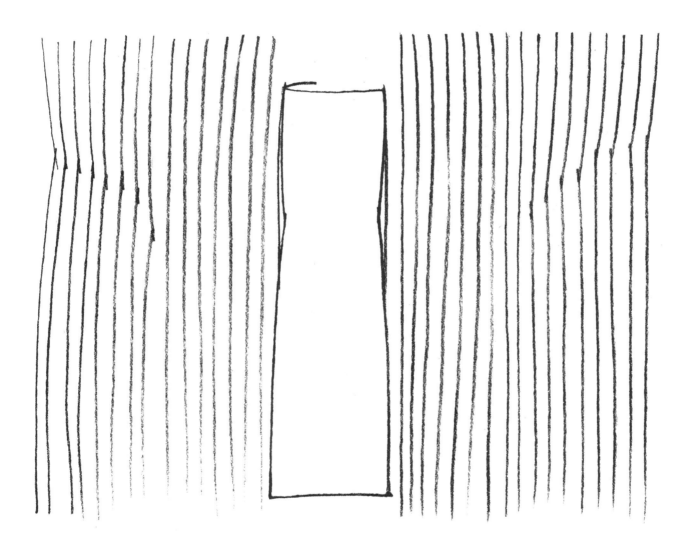

도식화 Flats

본서에서는
스커트, 바지, 블라우스, 티셔츠, 니트, 원피스, 재킷, 코트, 점퍼, 액세서리, 남성복의 순으로

품목별 도식화 작업에 필수적인 사항들을
실루엣 및 필요치수, 순서, 기본, 주의사항, 예시의 순으로 정리하였다.

실루엣 및 필요치수에서는
실루엣별 연습에 필요한 사항들, 견본작업 혹은 생산의뢰서 작성 시 필요한 치수들을,

순서에서는
도식화를 처음 시작하는 사람들을 위해 좌우대칭이나 실루엣 살리기에 적합한 단계별 그리기 방법을,

기본에서는
트렌드에 알맞은 도식화를 위해 필수적인 기본사항들을,

주의사항에서는
초보자들이 흔히 하는 실수들을 모아 수정, 보완한 내용들을,

예시에서는
다양한 길이, 실루엣, 디테일의 디자인을 도식화로 표현하여 제시하였다.

품목별로 제시된 필수사항들을 우선 숙지한 후, 예시에 나온 그림들을 그대로 그리는 연습,
나아가 자신의 디자인을 최대한 표현하는 도식화를 그려보도록 한다.

✚ 책의 후반에는 실무에서 사용하는 용어와 작업지시서를 수록하였다.
　실제 사용되는 용어의 쉬운 이해를 위하여 해당그림에 용어의 번호를 표시하였다.

스커트는 여성복의 기본 품목으로서,
품목약어로 SK를 사용한다.

실루엣 silhouette | 필요치수 size

선연습을 충분히 한 후, 스커트 디자인을 연습한다. 우선 스커트의 길이별 실루엣 연습으로 비례(proportion)를 익힌 후, 디테일을 추가시켜 연습한다. 스커트는 제작의뢰 시, 허리선의 위치(일자허리, 반골반, 골반)와 옷길이를 결정, 다른 디자인과의 상대적 치수를 고려하여 비례에 맞는 그림을 그려야 한다. 일반적으로 견본을 의뢰할 때 디자이너는 옷길이만을 지시하고, 나머지 치수는 모델리스트의 그림을 읽는 감각에 맡긴다. 다만, 생산의뢰서를 작성할 때는 옷길이, 허리둘레, 엉덩이둘레, 밑단둘레 및 기타 세밀한 부분의 치수를 기입한다.

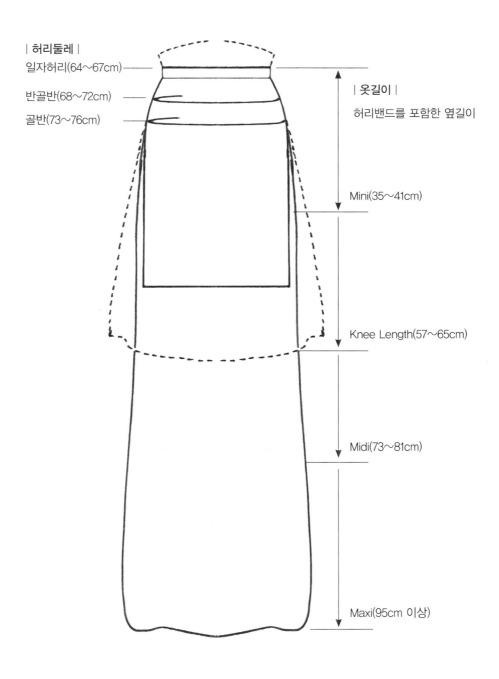

| 허리둘레 |
일자허리(64〜67cm)
반골반(68〜72cm)
골반(73〜76cm)

| 옷길이 |
허리밴드를 포함한 옆길이

Mini(35〜41cm)

Knee Length(57〜65cm)

Midi(73〜81cm)

Maxi(95cm 이상)

순서 order

1   허리선 결정
2~3   양옆선이 중심선에서 같은 거리에 위치하도록 주의
4   밑단선(hemline)이 직선 혹은 직선에서 아래/위에 놓이도록(플레어의 경우)
5~6   허리밴드, 다트, 중심선, 플라이(fly), 주머니, 디자인 선 등 내부선을 그려넣어 완성

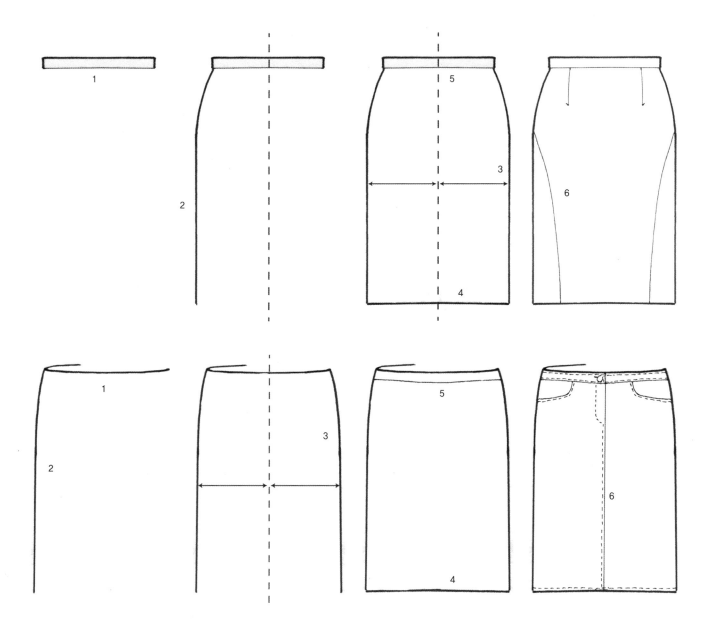

기본 basic

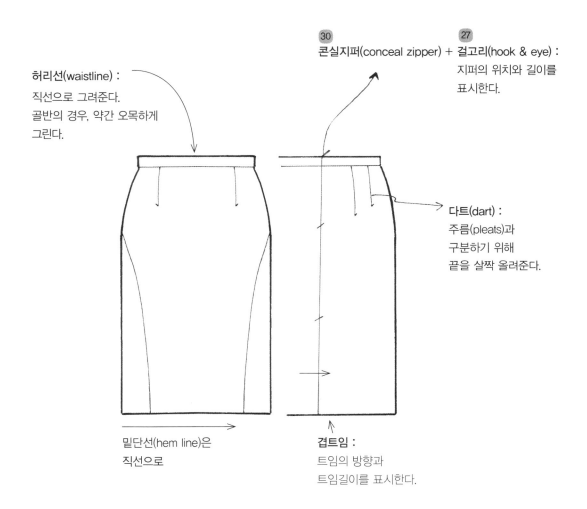

허리선(waistline) :
직선으로 그려준다.
골반의 경우, 약간 오목하게
그린다.

③⓪ 콘실지퍼(conceal zipper) + ②⑦ 걸고리(hook & eye) :
지퍼의 위치와 길이를
표시한다.

다트(dart) :
주름(pleats)과
구분하기 위해
끝을 살짝 올려준다.

밑단선(hem line)은
직선으로

겹트임 :
트임의 방향과
트임길이를 표시한다.

✚ 동그라미 번호의 설명은 p.181 실무용어를 참고

1. 일자허리(straight)/반골반(semi-low hip)/골반(low hip) 스커트를 구분하여 그린다.
   허리선이 골반으로 내려갈수록 힙라인은 직선에 가깝다.

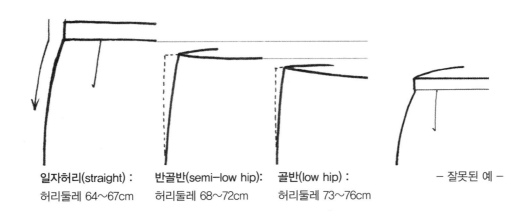

일자허리(straight) :
허리둘레 64~67cm

반골반(semi-low hip):
허리둘레 68~72cm

골반(low hip) :
허리둘레 73~76cm

– 잘못된 예 –

2. 양면지퍼 vs 콘실지퍼

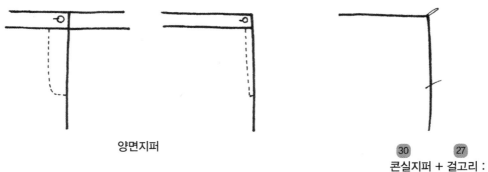

양면지퍼

30　27
콘실지퍼 + 걸고리 :
지퍼풀(zipper pull)과 끝위치 표시
밴드가 없는 허리의 콘실지퍼는 항상
걸고리와 함께 달린다.

3. 턱(tucks): 여러 방법으로 방향을 표시한다.

4. 트임

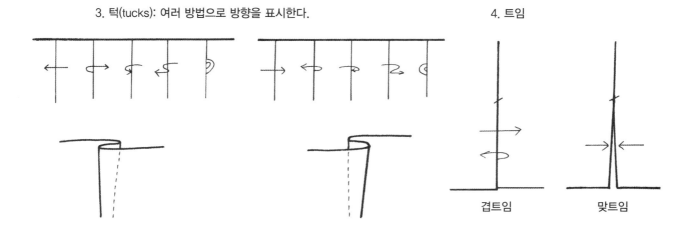

겹트임   맞트임

5. 주름(pleats)/플레어(flare)/무(godet)

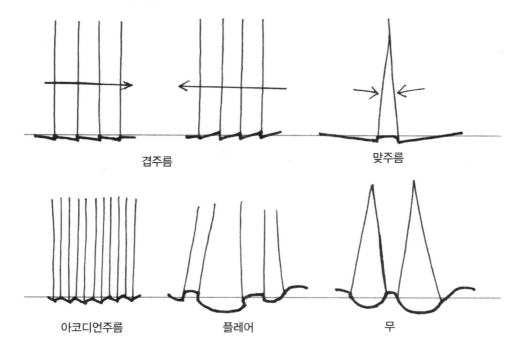

겹주름   맞주름

아코디언주름   플레어   무

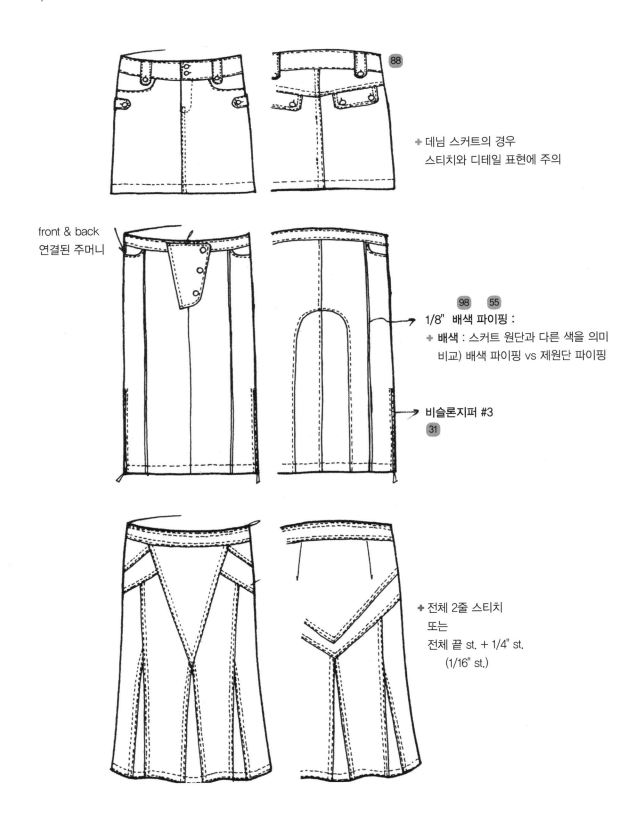

데님 스커트의 경우
스티치와 디테일 표현에 주의

front & back
연결된 주머니

1/8" 배색 파이핑 :

배색 : 스커트 원단과 다른 색을 의미
비교) 배색 파이핑 vs 제원단 파이핑

비슬론지퍼 #3

전체 2줄 스티치
또는
전체 끝 st. + 1/4" st.
(1/16" st.)

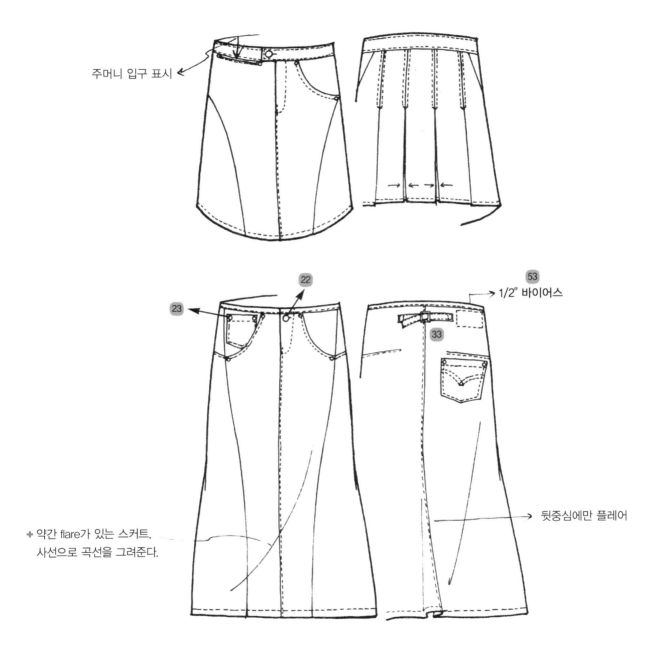

주머니 입구 표시

22

23

53

1/2" 바이어스

33

뒷중심에만 플레어

+ 약간 flare가 있는 스커트,
사선으로 곡선을 그려준다.

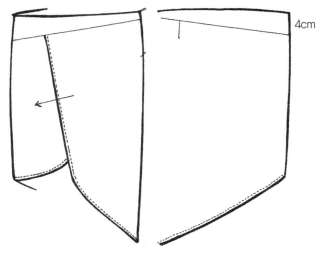

4cm

✛ 주름이나 flap으로
   원단이 겹쳐지는 부분에는
   골표시나 화살표를
   넣어준다(p.19 참조).

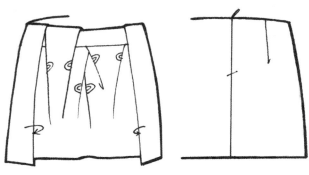

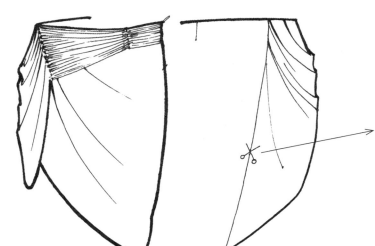

✛ 절개선 : 주름선과
   구별하기 위해 선 위에
   가위표시를 해 준다.

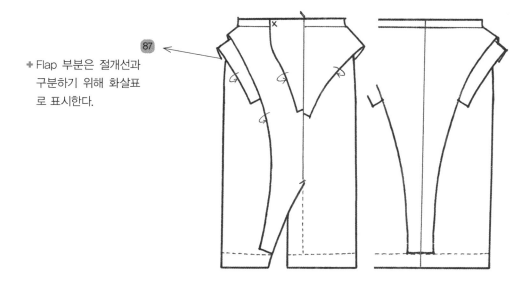

87

➕ Flap 부분은 절개선과
　구분하기 위해 화살표
　로 표시한다.

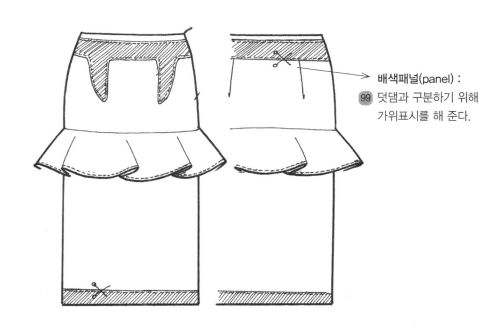

배색패널(panel) :
99 덧댐과 구분하기 위해
　가위표시를 해 준다.

+ 제허리 혹은
　일자허리 스커트

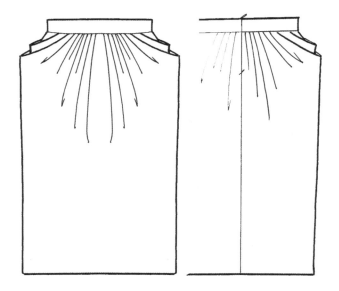

+ 하이 웨이스트 스커트의
　경우 허리 부분을 잘록하
　게 그려준다.

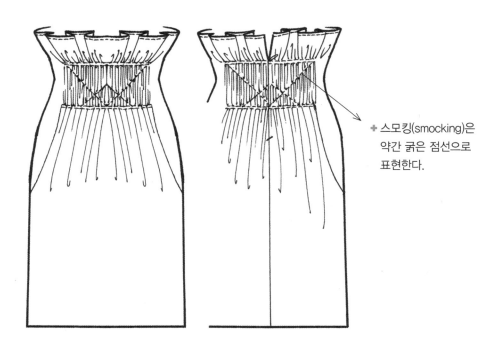

+ 스모킹(smocking)은
　약간 굵은 점선으로
　표현한다.

+ **허리 위치 :**
허리 위치 : 하이 웨이스트 스커트의 경우 허리선은 잘록하게, 허리 위는 넓어지도록 그린다.

+ 하이 웨이스트 스커트의 경우, 지퍼의 길이가 길어야 착의가 가능하다.

+ **고어 + 플레어**

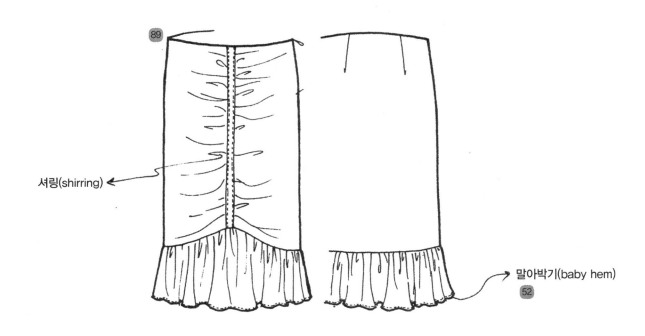

셔링(shirring)

말아박기(baby hem)
52

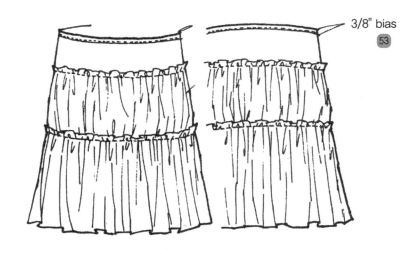

3/8" bias
53

✚ 윗부분에 주름이 없는
   플레어인지, 윗부분부터
   주름을 준 개더인지,
   절개가 있는 고어스타일
   인지를 명확히 구분하여
   그린다.

올 풀림

✚ 고어 + 플레어

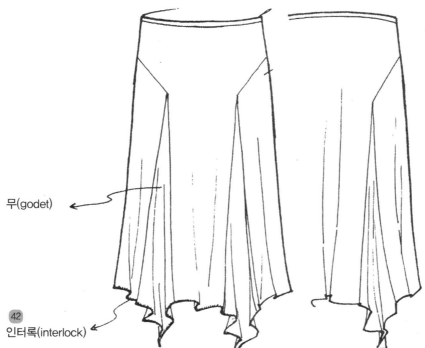

✚ 헴라인의 겹침과
   곡선감은 스커트의
   드레이퍼리를 표현해주는
   중요한 요소이다.
   부드러운 소재일수록
   밑단의 겹침분량을 많이
   그려주고, 부드러운
   곡선감을 표현해준다.

무(godet)

42
인터록(interlock)

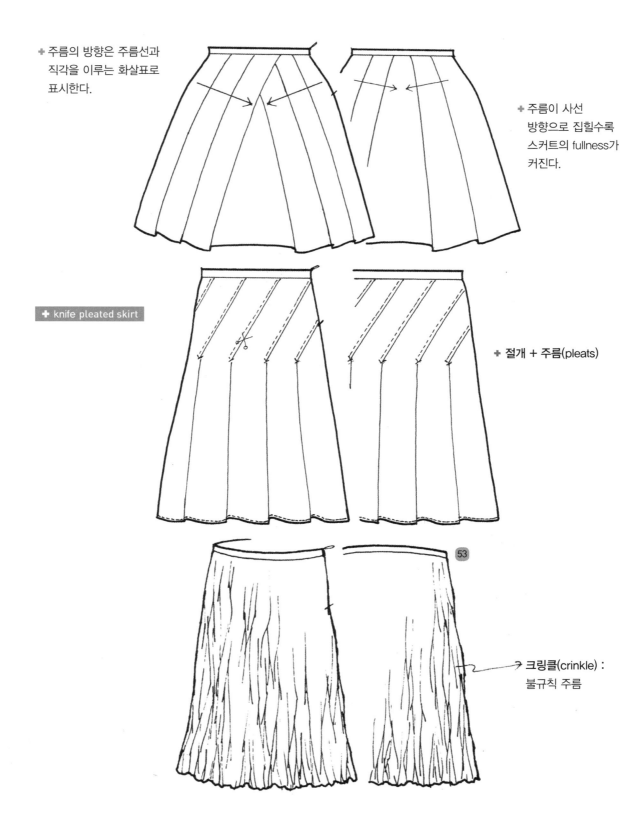

주름의 방향은 주름선과
직각을 이루는 화살표로
표시한다.

주름이 사선
방향으로 집힐수록
스커트의 fullness가
커진다.

knife pleated skirt

절개 + 주름(pleats)

크링클(crinkle) :
불규칙 주름

사선 방향으로
잡힌 tuck으로 스커트
fullness를 풍부하게
할 수 있다.

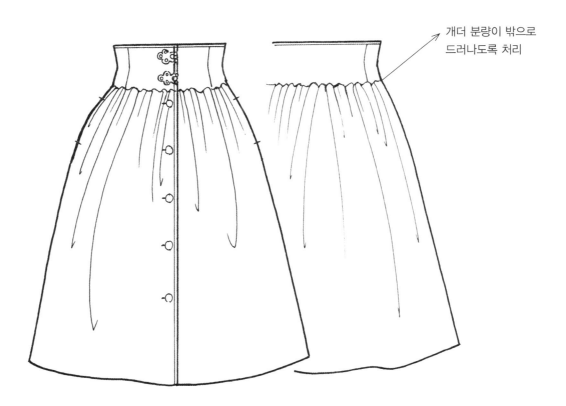

개더 분량이 밖으로
드러나도록 처리

바지는 브랜드에 따라 팬츠(pants) 혹은 슬랙스(slacks)로 구분하며,
품목약어로는 PT 또는 SL을 사용한다.

실루엣 silhouette | 필요치수 size

스커트의 선이 자연스러워지면, 바지 디자인을 연습한다. 바지는 긴 스커트에서 인심(in-seam)만 추가된 느낌으로 그린다.

어깨 너비 정도로 다리를 벌리고 서 있는 사람이 입고 있는 모습을 그리는데, 다리의 위치가 항상 같은 곳에 있다고 가정, 바지통에 따라 인심(in-seam)과 옆선(side seam)의 위치를 함께 이동시켜 그린다. 그리하여 발목 부분에서 너무 안쪽으로 모이거나, 다리를 너무 벌린 그림이 되지 않도록 주의한다.

바지는 제작 의뢰 시, 허리선의 위치(일자허리, 반골반, 골반)와 옷길이를 결정, 다른 디자인과의 상대적 치수를 고려하여 비례에 맞는 그림을 그려야 한다. 일반적으로 견본을 의뢰할 때 디자이너는 옷길이만을 지시하고, 나머지 치수는 모델리스트의 그림을 읽는 감각에 맡긴다. 다만, 생산의뢰서를 작성할 때는 옷길이, 허리둘레, 엉덩이둘레, 밑단둘레, (허벅지둘레), 앞, 뒤 밑위길이 및 기타 세밀한 부분의 치수를 기입한다.

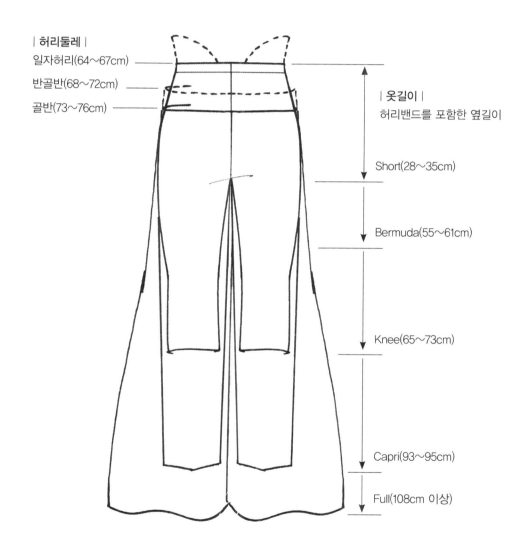

| 허리둘레 |
일자허리(64~67cm)
반골반(68~72cm)
골반(73~76cm)

| 옷길이 |
허리밴드를 포함한 옆길이

Short(28~35cm)

Bermuda(55~61cm)

Knee(65~73cm)

Capri(93~95cm)

Full(108cm 이상)

순서 order

1~2   허리선 결정

3   오른쪽 바지통의 옆선을 먼저 그리고

4~5   앞중심선과 크러치 선(crotch line)

6~7   인심(in-seam)과 밑단(hem)을 그려 오른쪽 바지통 완성

8~10   중심선에서 같은 거리에 위치하도록 왼쪽 바지통 완성

11   허리밴드, 플라이(fly), 주머니 등 내부선을 그려넣어 바지 디자인 완성

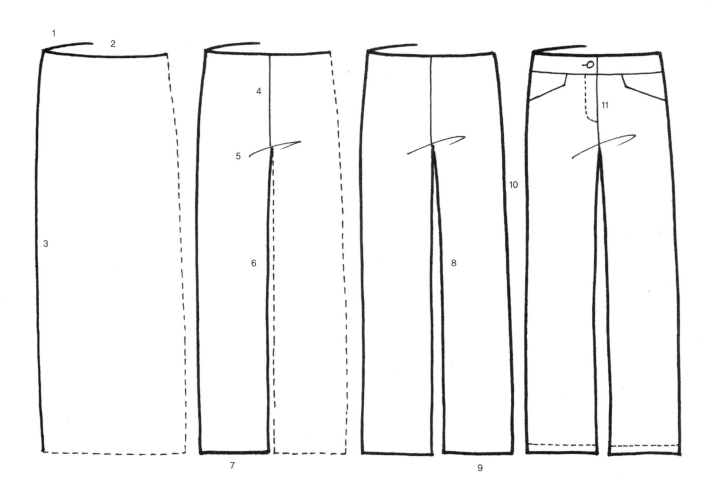

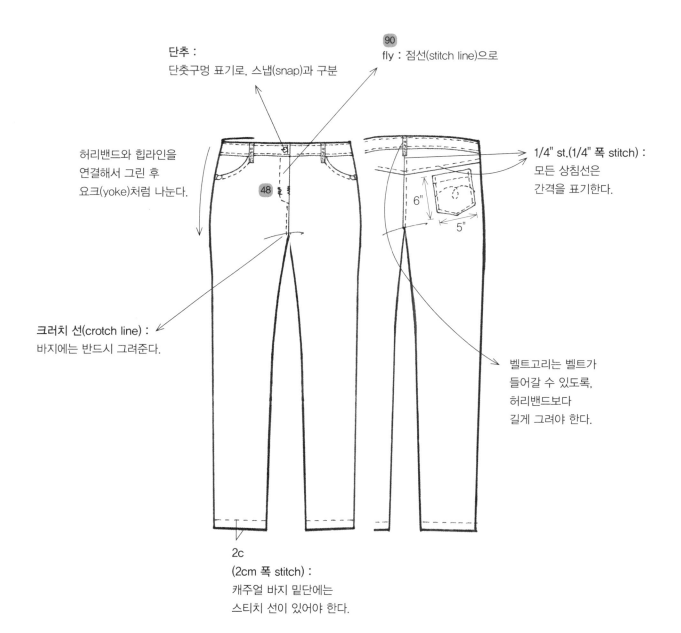

단추 :
단춧구멍 표기로, 스냅(snap)과 구분

90
fly : 점선(stitch line)으로

허리밴드와 힙라인을
연결해서 그린 후
요크(yoke)처럼 나눈다.

1/4" st.(1/4" 폭 stitch) :
모든 상침선은
간격을 표기한다.

48

6"

5"

크러치 선(crotch line) :
바지에는 반드시 그려준다.

벨트고리는 벨트가
들어갈 수 있도록,
허리밴드보다
길게 그려야 한다.

2c
(2cm 폭 stitch) :
캐주얼 바지 밑단에는
스티치 선이 있어야 한다.

1. 반드시 중심 절개선(center front/center back line)을 그린다.

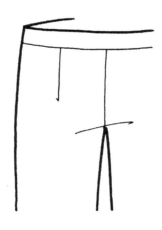

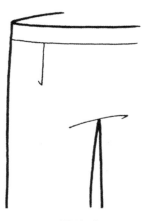

– 잘못된 예 –

2. 상침선(top stitch)은 점선으로, 절개선은 실선으로 그린다.

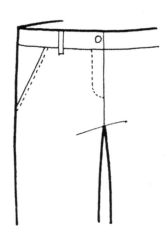

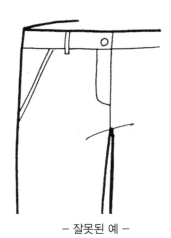

– 잘못된 예 –

3. 상침선의 위치는 일관되게(특히, 앞, 뒤 중심선의 상침 방향을 주의한다.)

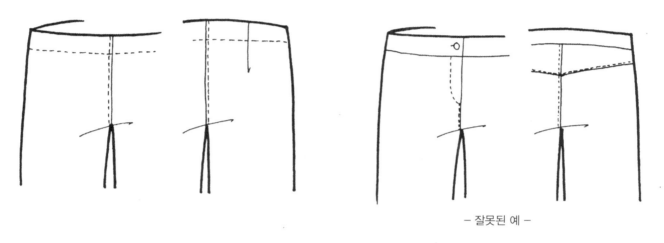

– 잘못된 예 –

4. 여밈 방향과 단추/플라이 위치 일관되게

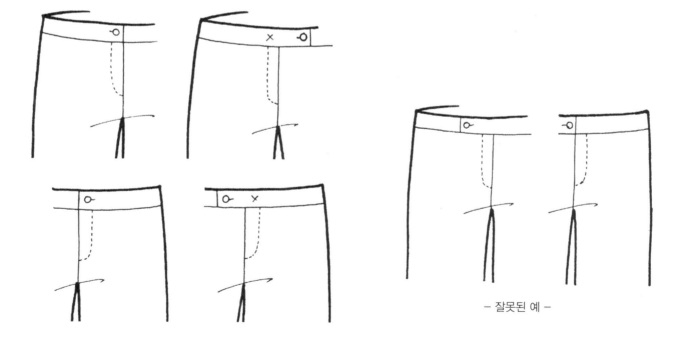

– 잘못된 예 –

5. 단추(button), 스냅(snap)

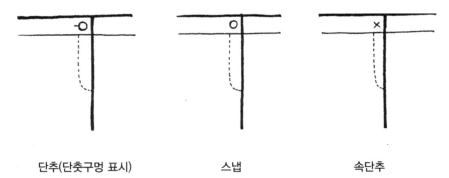

단추(단춧구멍 표시)　　　스냅　　　속단추

6. 지퍼

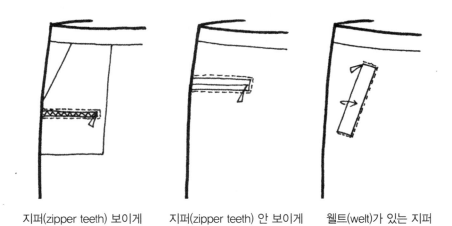

지퍼(zipper teeth) 보이게　　지퍼(zipper teeth) 안 보이게　　웰트(welt)가 있는 지퍼

7. 여러 모양의 바지 주머니

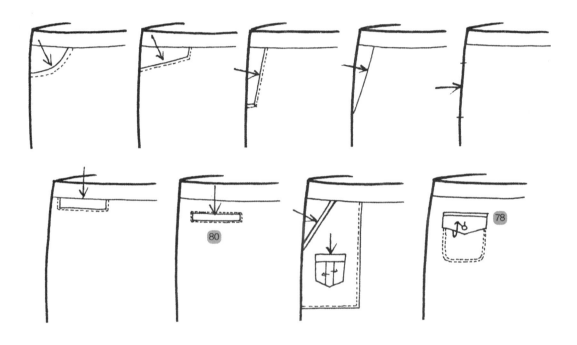

8. 밑단(hem line)

주름선(crease line)이 있는 바지의 밑단은 살짝 뾰족하게 그린다.

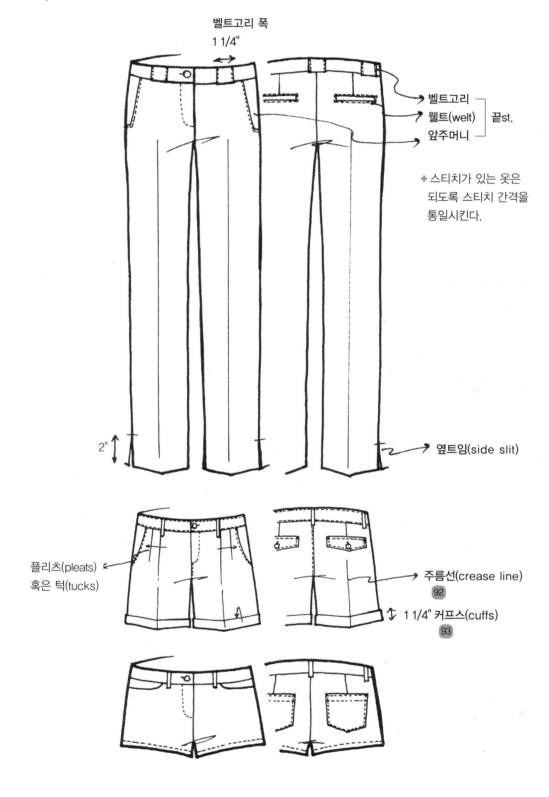

벨트고리 폭
1 1/4"

벨트고리
웰트(welt)　끝st.
앞주머니

✚ 스티치가 있는 옷은
되도록 스티치 간격을
통일시킨다.

옆트임(side slit)

2"

플리츠(pleats)
혹은 턱(tucks)

주름선(crease line)
92

1 1/4" 커프스(cuffs)
93

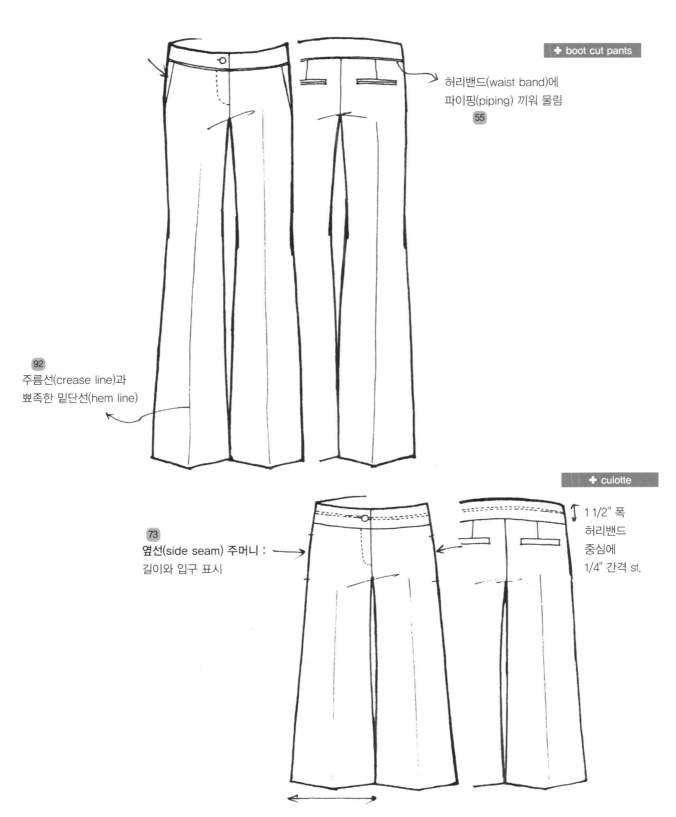

허리밴드(waist band)에
파이핑(piping) 끼워 물림
55

92
주름선(crease line)과
뾰족한 밑단선(hem line)

73
옆선(side seam) 주머니 :
길이와 입구 표시

1 1/2" 폭
허리밴드
중심에
1/4" 간격 st.

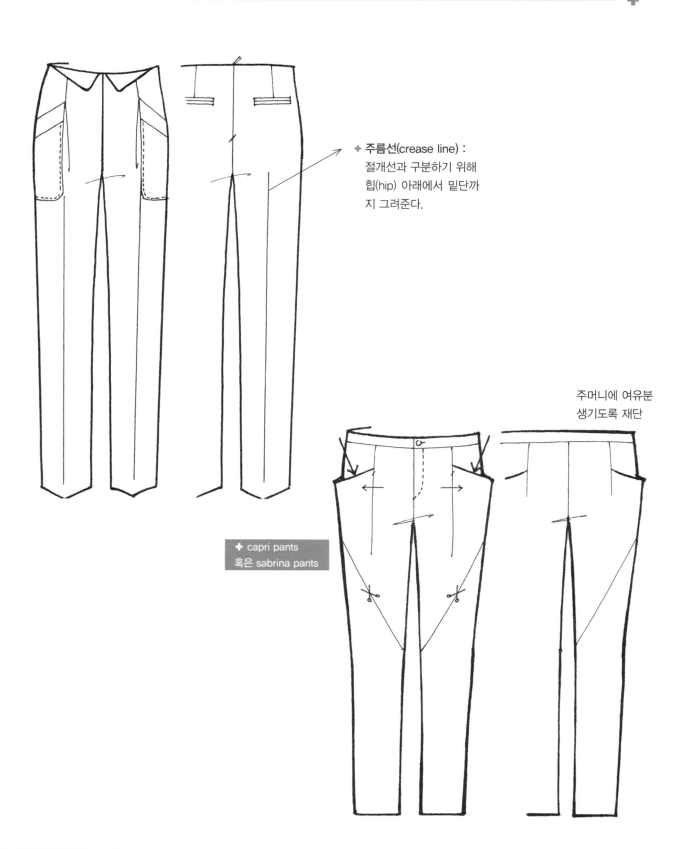

주름선(crease line) :
절개선과 구분하기 위해
힙(hip) 아래에서 밑단까
지 그려준다.

주머니에 여유분
생기도록 재단

+ capri pants
혹은 sabrina pants

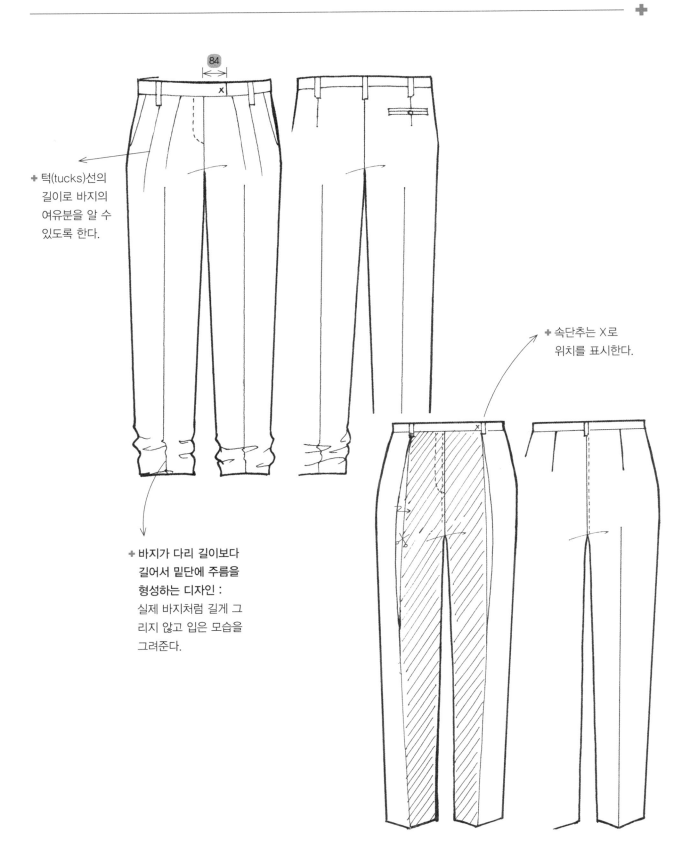

84

+ 턱(tucks)선의
길이로 바지의
여유분을 알 수
있도록 한다.

+ 바지가 다리 길이보다
길어서 밑단에 주름을
형성하는 디자인 :
실제 바지처럼 길게 그
리지 않고 입은 모습을
그려준다.

+ 속단추는 X로
위치를 표시한다.

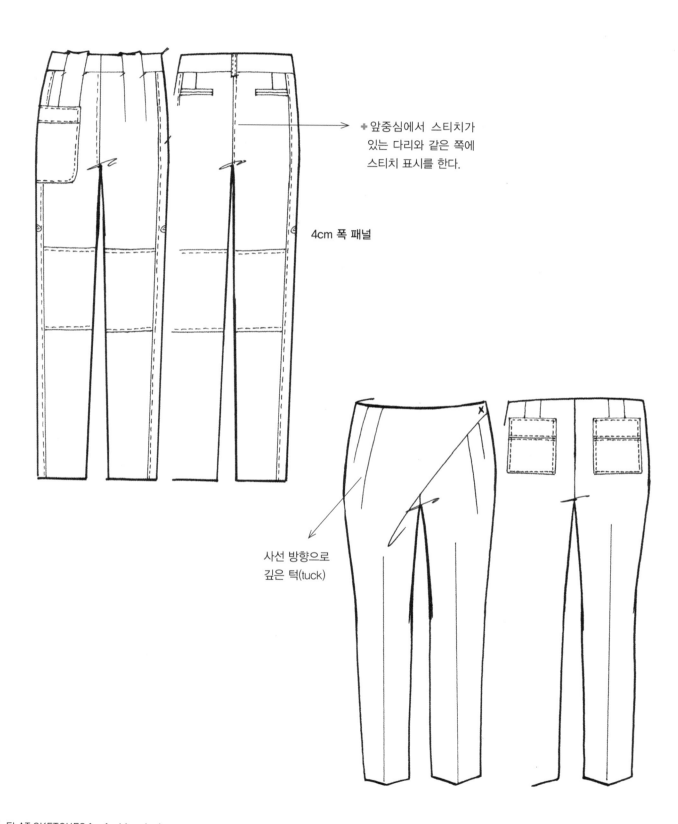

✚ 앞중심에서 스티치가
있는 다리와 같은 쪽에
스티치 표시를 한다.

4cm 폭 패널

사선 방향으로
깊은 턱(tuck)

제천스트링(string) + 스토퍼(stopper)

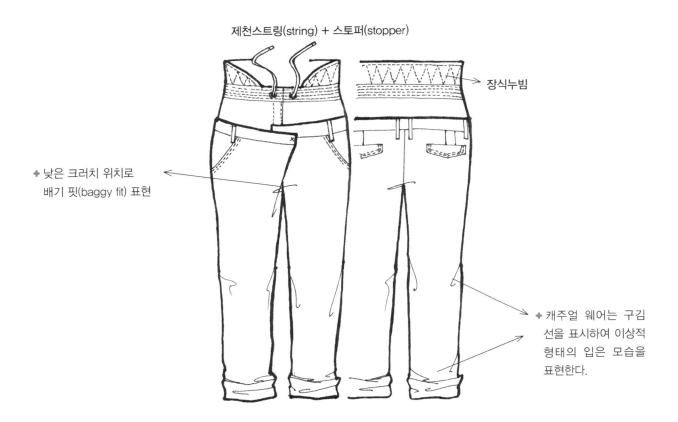

장식누빔

+ 낮은 크러치 위치로
배기 핏(baggy fit) 표현

+ 캐주얼 웨어는 구김
선을 표시하여 이상적
형태의 입은 모습을
표현한다.

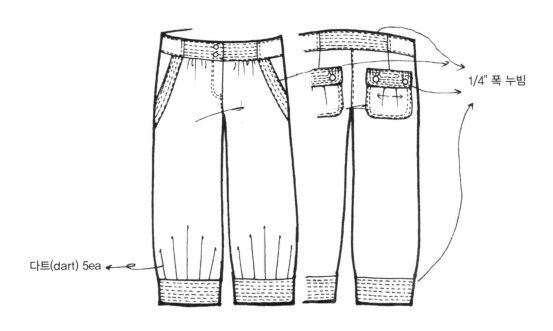

1/4" 폭 누빔

다트(dart) 5ea

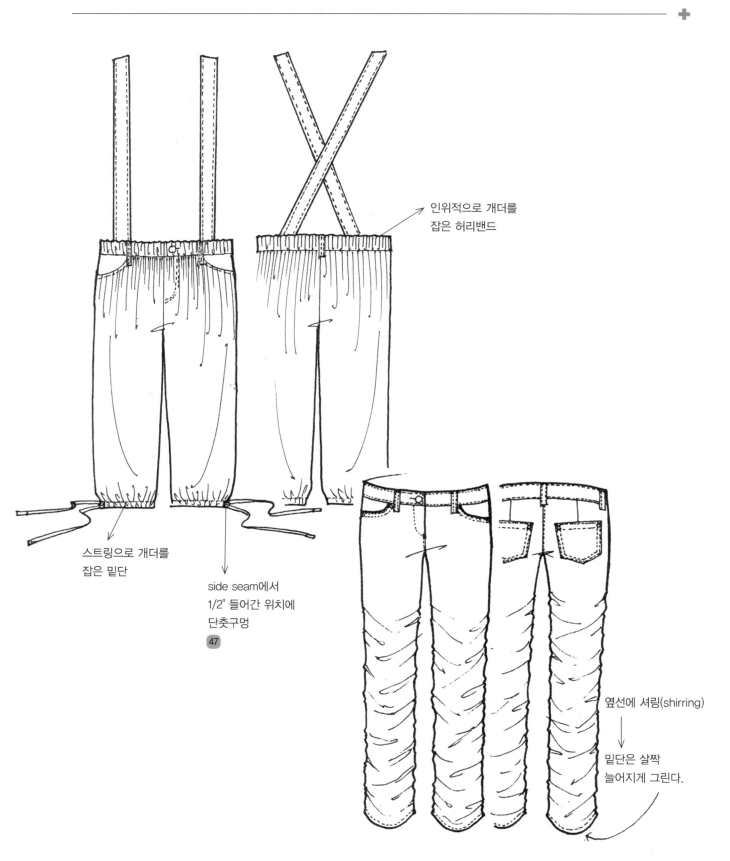

인위적으로 개더를
잡은 허리밴드

스트링으로 개더를
잡은 밑단

side seam에서
1/2" 들어간 위치에
단춧구멍
(47)

옆선에 셔링(shirring)

밑단은 살짝
늘어지게 그린다.

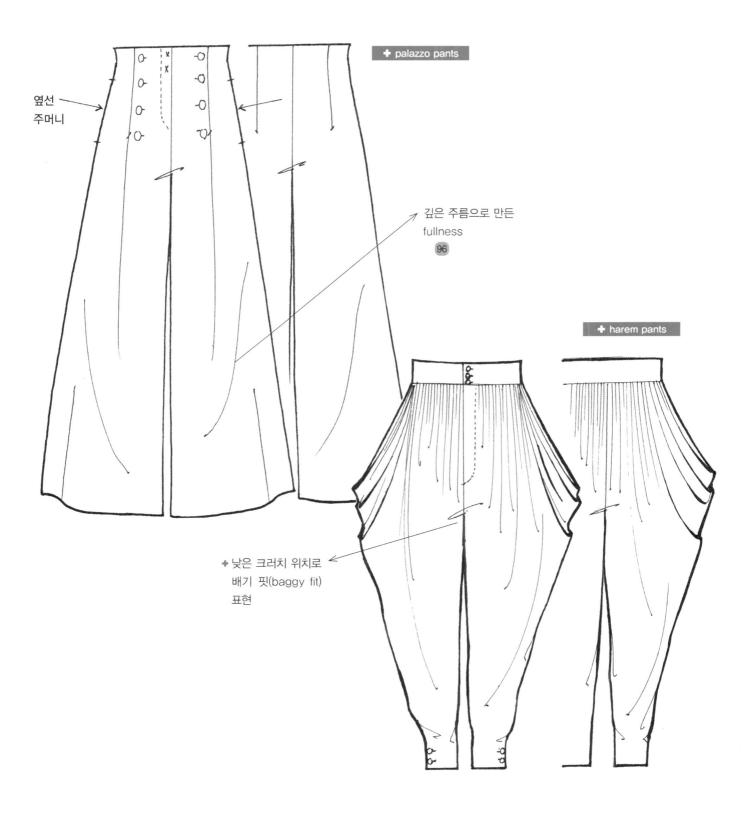

+ palazzo pants

옆선
주머니

깊은 주름으로 만든
fullness
96

+ harem pants

+ 낮은 크러치 위치로
배기 핏(baggy fit)
표현

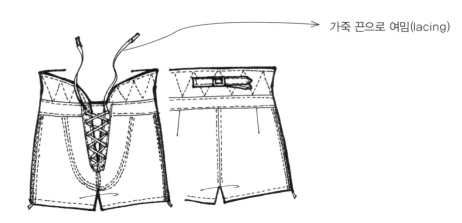

가죽 끈으로 여밈(lacing)

니켈지퍼 #4

+ drainpipe pants
혹은 cigarette pants

격자누빔

덧댐 99

따냄 99

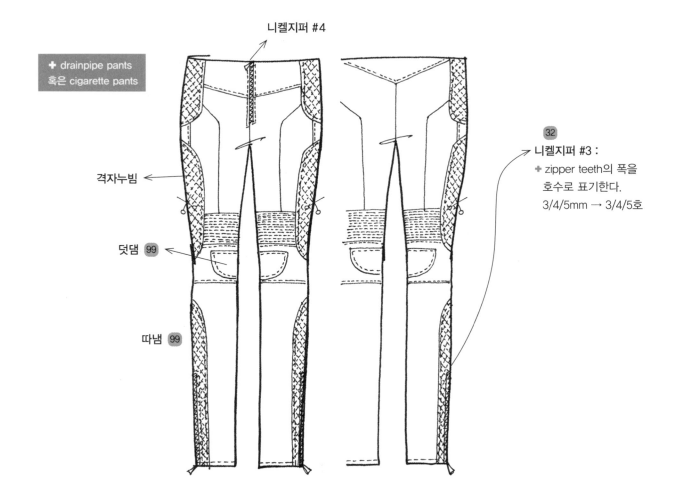

32
니켈지퍼 #3 :
+ zipper teeth의 폭을
호수로 표기한다.
3/4/5mm → 3/4/5호

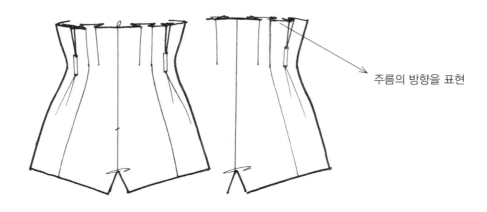

주름의 방향을 표현

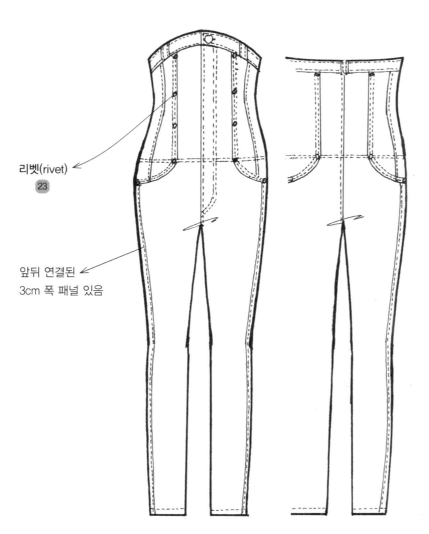

 drainpipe pants
혹은 cigarette pants

리벳(rivet)
23

앞뒤 연결된
3cm 폭 패널 있음

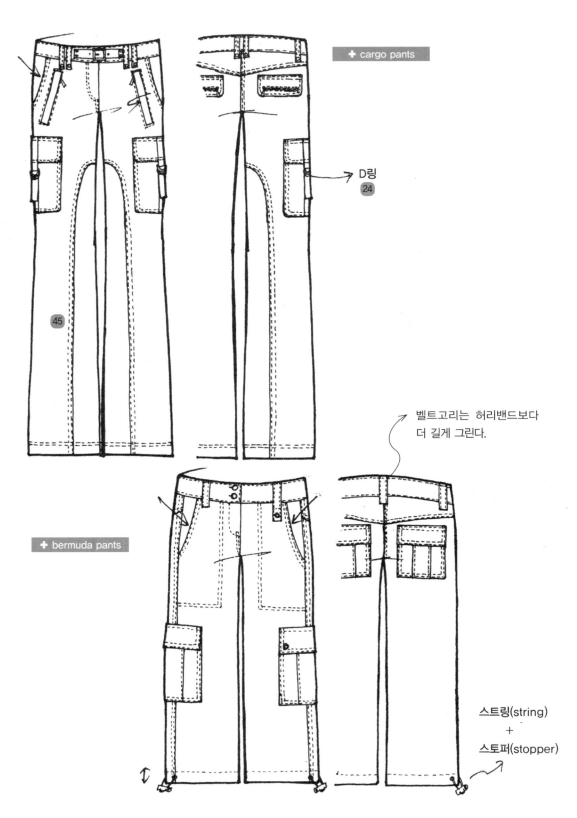

+ cargo pants

D링
24

벨트고리는 허리밴드보다
더 길게 그린다.

+ bermuda pants

스트링(string)
+
스토퍼(stopper)

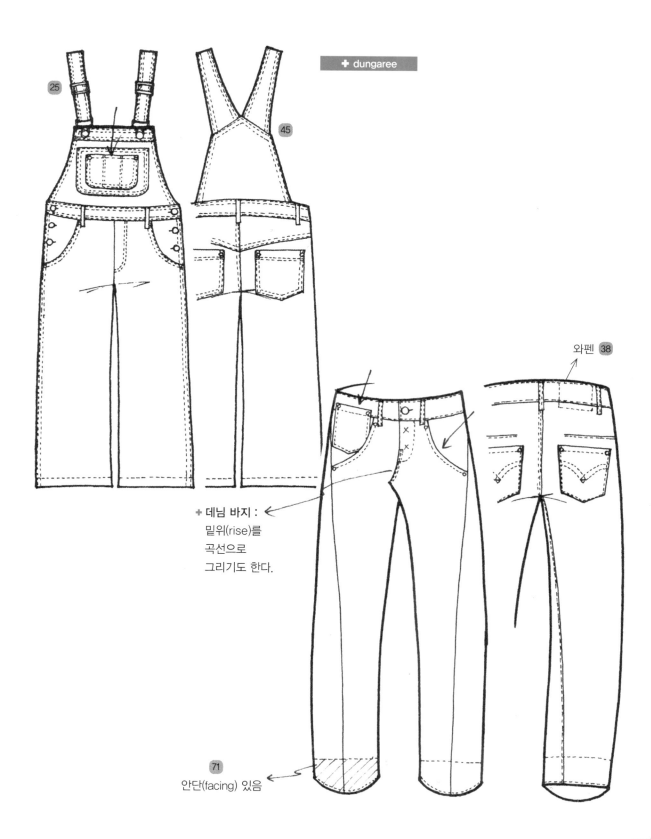

+ dungaree

와펜 38

+ 데님 바지 :
밑위(rise)를
곡선으로
그리기도 한다.

안단(facing) 있음

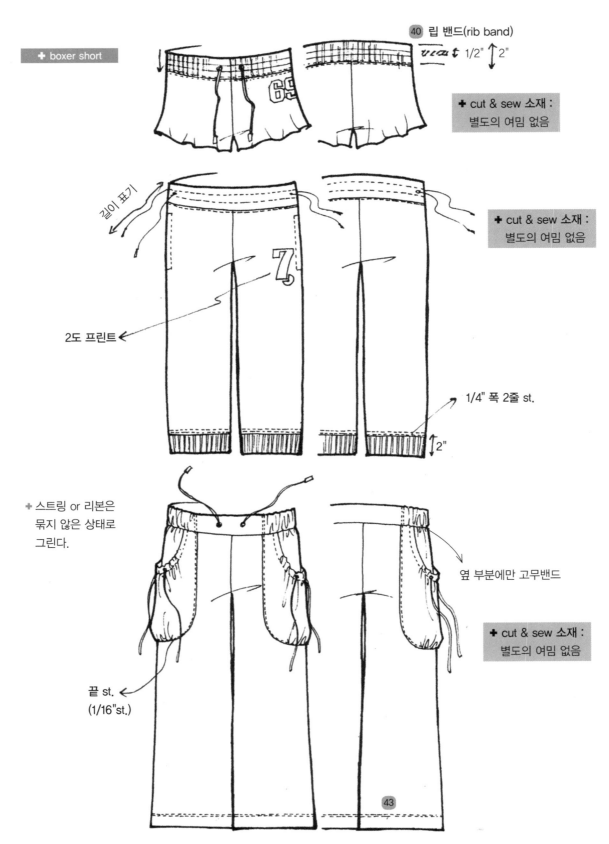

+ boxer short

40 립 밴드(rib band)

1/2" ↕ 2"

+ cut & sew 소재 :
별도의 여밈 없음

길이 표기

+ cut & sew 소재 :
별도의 여밈 없음

2도 프린트

1/4" 폭 2줄 st.

2"

+ 스트링 or 리본은
묶지 않은 상태로
그린다.

옆 부분에만 고무밴드

+ cut & sew 소재 :
별도의 여밈 없음

끝 st.
(1/16"st.)

43

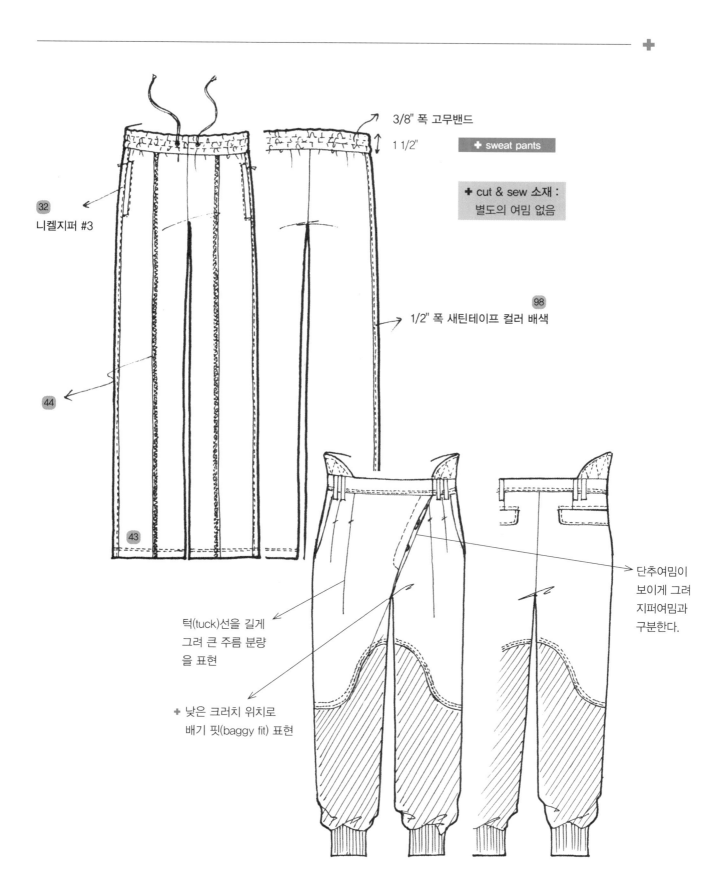

3/8" 폭 고무밴드

1 1/2"

✚ sweat pants

✚ cut & sew 소재 :
별도의 여밈 없음

32
니켈지퍼 #3

44

43

98
1/2" 폭 새틴테이프 컬러 배색

단추여밈이
보이게 그려
지퍼여밈과
구분한다.

턱(tuck)선을 길게
그려 큰 주름 분량
을 표현

✚ 낮은 크러치 위치로
배기 핏(baggy fit) 표현

브랜드마다 디자인 경향에 따라 블라우스 혹은 셔츠로 품목을 구분한다.
일반적으로 여성복 브랜드는 블라우스 품목으로, 캐주얼 브랜드는 셔츠
품목으로 구분하며, 품목약어로 블라우스는 BS 또는 BL, 셔츠는 SH를
사용한다.

실루엣 silhouette | 필요치수 size

앞중심선(단추가 달린 선)을 중심으로 칼라, 길, 소매가 좌우대칭이 되도록 주의하며 블라우스의 실루엣 연습을 한다.
블라우스는 제작 의뢰 시, 소재나 디자인에 따라 달라지는 가슴 둘레, 칼라 모양과 스탠드 분량, 여밈 방법, 옷길이, 소매길이 등을 결정,
다른 디자인과의 상대적 치수를 고려하여 비례에 맞는 그림을 그려야 한다.
일반적으로 견본을 의뢰할 때 디자이너는 옷길이와 소매길이(긴 소매가 아닐 경우)만을 지시하고, 나머지 치수는 모델리스트의 그림을 읽
는 감각에 맡긴다. 다만, 생산의뢰서를 작성할 때는 어깨너비, 가슴둘레, 옷길이, 소매길이, (소매통, 소매단 둘레, 암홀) 및 기타 세밀한 부
분의 치수를 기입한다.

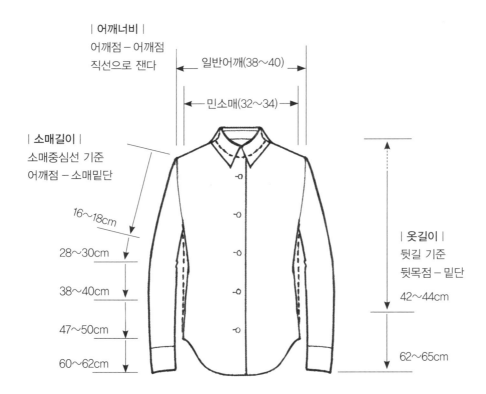

| 어깨너비 |
어깨점 – 어깨점
직선으로 잰다

일반어깨(38~40)

민소매(32~34)

| 소매길이 |
소매중심선 기준
어깨점 – 소매밑단

16~18cm

28~30cm

38~40cm

47~50cm

60~62cm

| 옷길이 |
뒷길 기준
뒷목점 – 밑단

42~44cm

62~65cm

| 옷길이 VS 소매길이 |

옷길이와 소매길이가 같은 60~62cm 길이일 때 '뒷
목점–어깨점'의 거리인 2~3cm의 차이가 그림에 나
타나야 한다.
즉, 옷길이가 63~65cm 정도일 때 밑단선(hem line)
은 소매(60~62cm) 밑단과 같은 위치에 놓인다.

순서 order

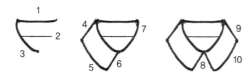

칼라

1~2	뒷칼라의 스탠드 분량 결정
3~6	칼라 모양 결정
7~10	반대편 칼라, 중심에서 대칭되도록

길

1~4	양어깨와 진동, 중심에서 대칭되도록
5~8	양옆선과 밑단(hem), 중심에서 대칭되도록
9	여밈선, 다트 등 내부선을 그려넣는다.
10~13	힙(hip) 선에서 소매와 길 사이가 약간만 벌어지도록, 직선의 소매를 그린다.

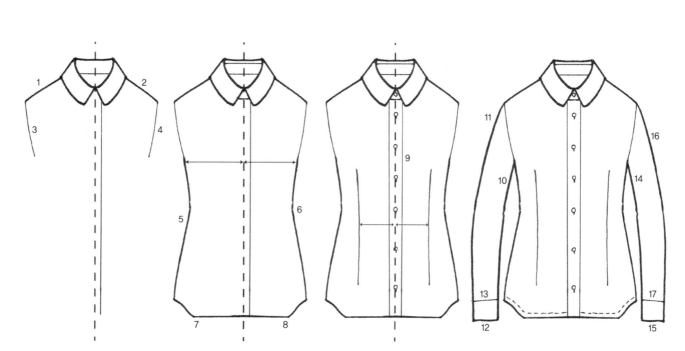

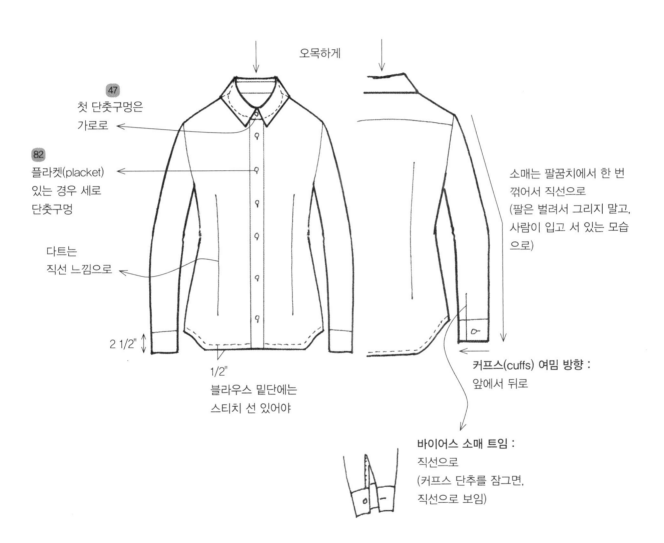

오목하게

47 첫 단춧구멍은
가로로

82 플라켓(placket)
있는 경우 세로
단춧구멍

다트는
직선 느낌으로

2 1/2"

1/2"
블라우스 밑단에는
스티치 선 있어야

소매는 팔꿈치에서 한 번
꺾어서 직선으로
(팔은 벌려서 그리지 말고,
사람이 입고 서 있는 모습
으로)

커프스(cuffs) 여밈 방향 :
앞에서 뒤로

바이어스 소매 트임 :
직선으로
(커프스 단추를 잠그면,
직선으로 보임)

주의사항 tips

1. 앞중심선에서 좌우대칭되도록 그린다.

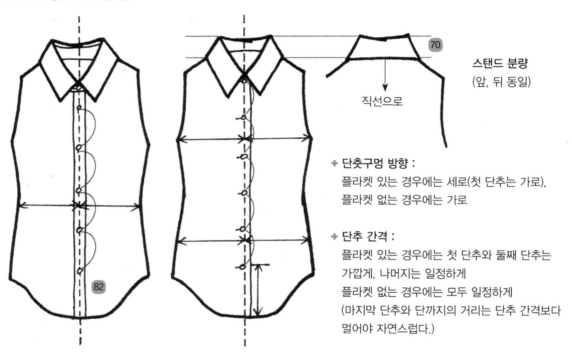

스탠드 분량
(앞, 뒤 동일)

직선으로

+ 단춧구멍 방향 :
   플라켓 있는 경우에는 세로(첫 단추는 가로),
   플라켓 없는 경우에는 가로

+ 단추 간격 :
   플라켓 있는 경우에는 첫 단추와 둘째 단추는
   가깝게, 나머지는 일정하게
   플라켓 없는 경우에는 모두 일정하게
   (마지막 단추와 단까지의 거리는 단추 간격보다
   멀어야 자연스럽다.)

2. 소매 트임

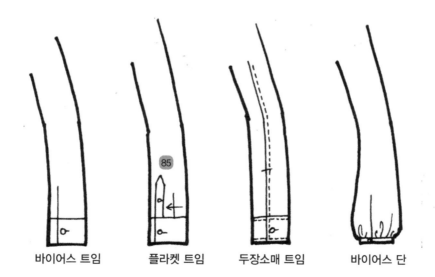

바이어스 트임   플라켓 트임   두장소매 트임   바이어스 단

3. 칼라 모양에 따라 스탠드 분량, 어깨 사이즈 등을 정확히 표현한다.

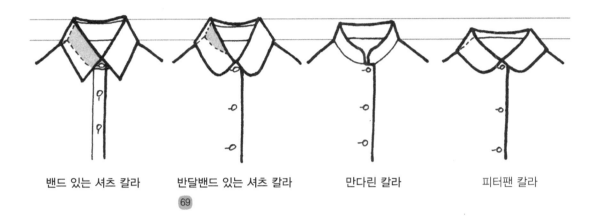

밴드 있는 셔츠 칼라
69

반달밴드 있는 셔츠 칼라

만다린 칼라

피터팬 칼라

4. 여러 가지 장식

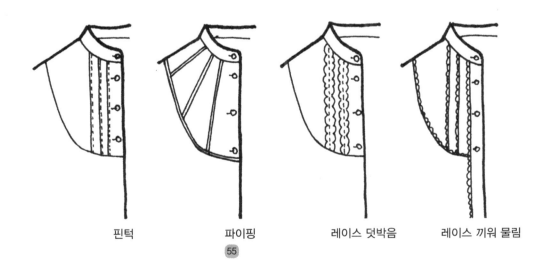

핀턱
55

파이핑

레이스 덧박음

레이스 끼워 물림

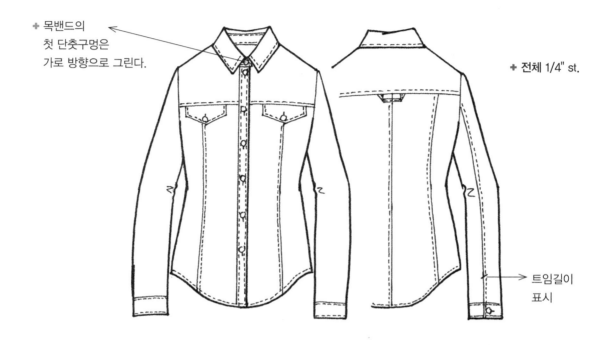

목밴드의
첫 단춧구멍은
가로 방향으로 그린다.

+ 전체 1/4" st.

트임길이
표시

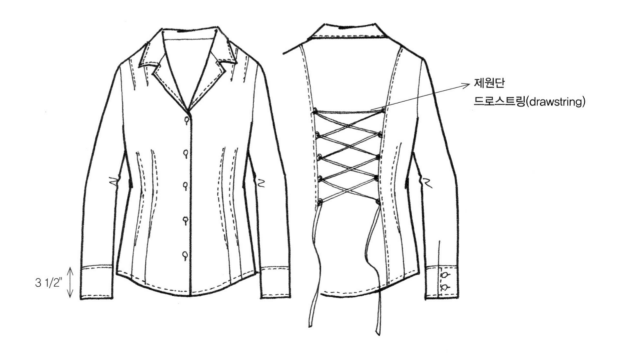

3 1/2"

제원단
드로스트링(drawstring)

+ 배색 패널 :
칼라와 구분하기
위해 가위표시

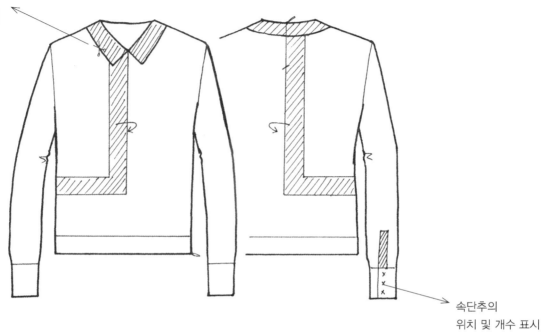

속단추의
위치 및 개수 표시

안단에 속단추 있음 :
더블 브레스트(double breasted)

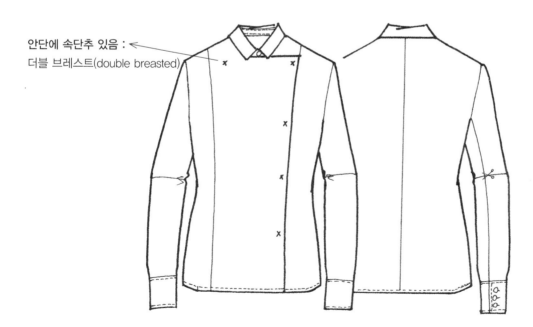

+ band collar

2.5c

개더

5c

83

7c

주름 방향, 정확히 표시

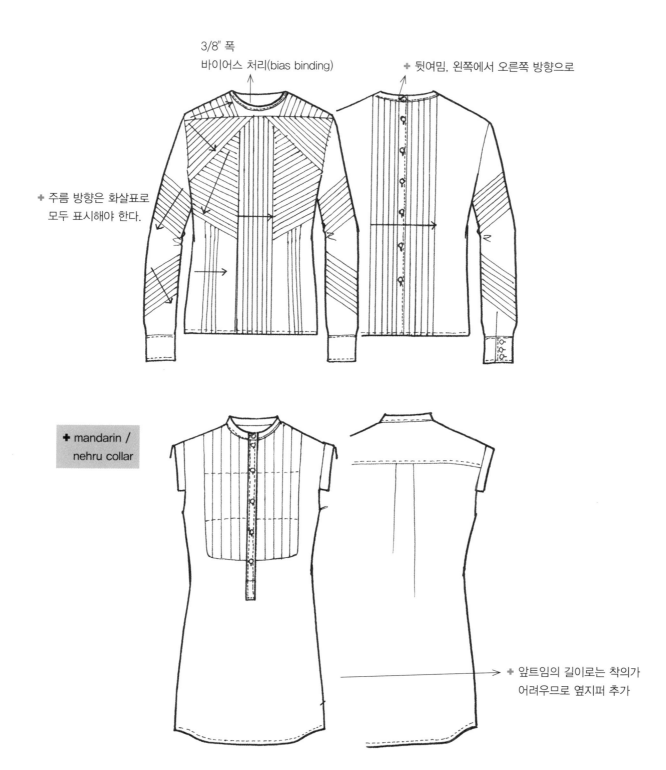

3/8" 폭
바이어스 처리(bias binding)

+ 뒷여밈, 왼쪽에서 오른쪽 방향으로

+ 주름 방향은 화살표로
모두 표시해야 한다.

+ mandarin /
nehru collar

+ 앞트임의 길이로는 착의가
어려우므로 옆지퍼 추가

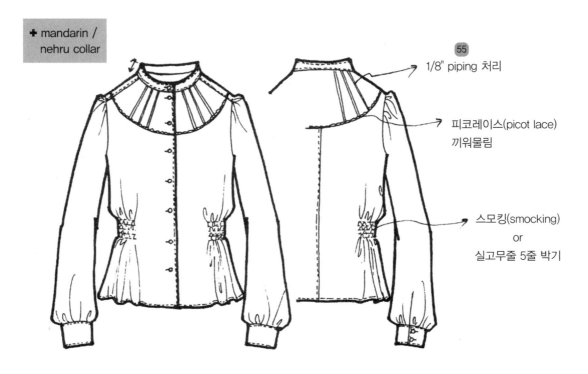

+ mandarin /
nehru collar

55

1/8" piping 처리

피코레이스(picot lace)
끼워물림

스모킹(smocking)
or
실고무줄 5줄 박기

3/4"

1/2" 폭
레이스 끼워물림

고무밴드

+ peterpan collar

장식테이프 덧댐

+ peasant blouse

1cm 폭 제천 스트링

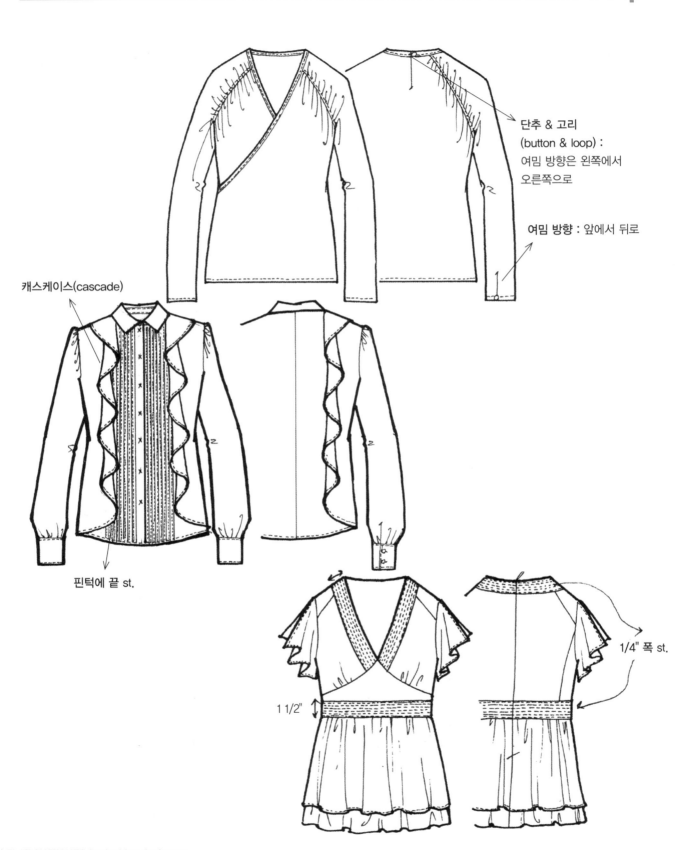

단추 & 고리
(button & loop) :
여밈 방향은 왼쪽에서
오른쪽으로

여밈 방향 : 앞에서 뒤로

캐스케이스(cascade)

핀턱에 끝 st.

1 1/2"

1/4" 폭 st.

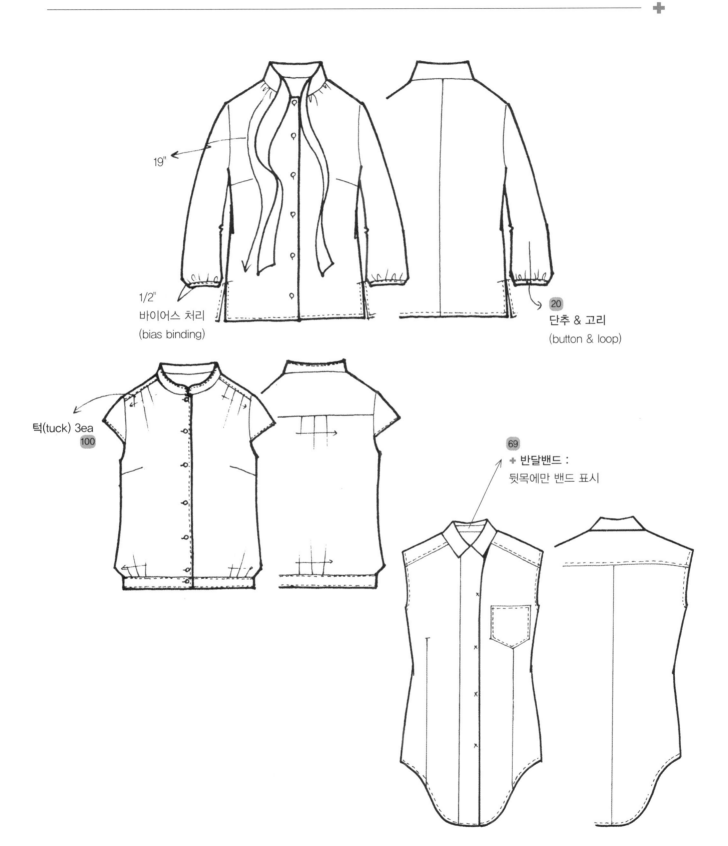

19"

1/2"
바이어스 처리
(bias binding)

20
단추 & 고리
(button & loop)

턱(tuck) 3ea
100

69
+ 반달밴드 :
뒷목에만 밴드 표시

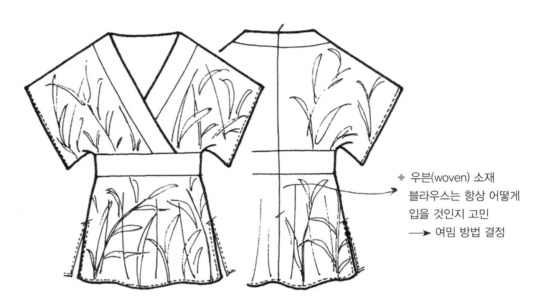

우븐(woven) 소재
블라우스는 항상 어떻게
입을 것인지 고민
→ 여밈 방법 결정

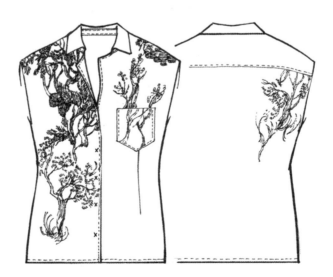

+ jewel neck

두장소매,
스캘럽(scallop) 자수로 끝처리

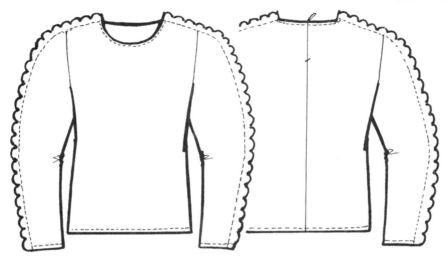

+ boat neck

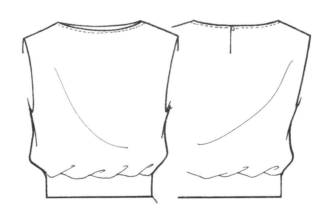

+ 우븐(woven) 소재 블라우스 :
  허리밴드에 여유가 없으므로
  옆선이나 뒷중심선에 지퍼 필수

실무에서는 작업공정의 차이로 니트를 cut & sew와 knit로 구분한다.
니트 소재로 재단/봉제의 과정을 거쳐 만드는 cut & sew의 품목약어로
는 TS(T-shirt) 혹은 CN(circular knit)을 사용하고, 코줄임 스티치의 성
형과정을 거쳐 만드는 패셔닝 니트(fashioning knit)의 아이템 품목약어
로는 KN/KT(knit) 혹은 SW(sweater)를 사용한다.

실루엣 silhouette | 필요치수 size

컷앤쏘/니트는 블라우스와 같은 비율로 그리되, 약간 슬림(slim)하게 표현한다.

컷앤쏘/니트는 제작 의뢰 시, 소재나 디자인에 따라 달라지는 가슴둘레와, 네크라인 디자인, 옷길이, 소매길이 등을 결정, 다른 디자인과의 상대적 치수를 고려하여 비례에 맞는 그림을 그려야 한다.

일반적으로 견본을 의뢰할 때 디자이너는 옷길이와 소매길이(긴 소매가 아닐 경우)만을 지시하고, 나머지 치수는 모델리스트의 그림을 읽는 감각에 맡긴다. 다만, 생산의뢰서를 작성할 때는 어깨너비, 가슴둘레, 암홀, 옷길이, 소매길이, 목깊이, 목너비 및 기타 세밀한 부분의 치수를 기입한다. 컷앤쏘/니트는 우븐(woven) 소재 품목에 비해, 어깨너비, 가슴둘레, 목깊이, 목너비에 따라 디자인 변동이 심하므로 정확한 측정과 신중한 결정이 요구되며, 민소매 디자인의 경우 어깨너비, 진동둘레는 특히 중요한 치수이다.

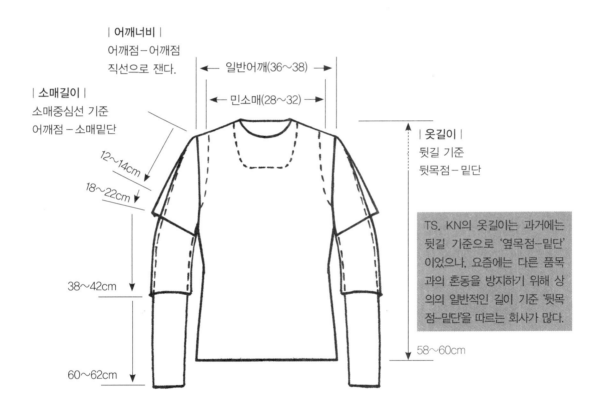

| 어깨너비 |
어깨점 – 어깨점
직선으로 잰다.

| 소매길이 |
소매중심선 기준
어깨점 – 소매밑단

일반어깨(36~38)

민소매(28~32)

12~14cm
18~22cm

38~42cm

60~62cm

| 옷길이 |
뒷길 기준
뒷목점 – 밑단

TS, KN의 옷길이는 과거에는 뒷길 기준으로 '옆목점-밑단'이었으나, 요즘에는 다른 품목과의 혼동을 방지하기 위해 상의의 일반적인 길이 기준 '뒷목점-밑단'을 따르는 회사가 많다.

58~60cm

순서 order

1~2   네크라인 디자인 결정
3~4   양어깨선이 대칭되도록
5~9   진동선, 옆선을 중심선에서 같은 거리에 위치시키고, 밑단은 수평선으로
10~12   한쪽 소매를 그린다.
13~15   대칭이 되도록 주의하며, 나머지 소매를 그린다.
16   내부선과 스티치 선을 그려넣어 완성

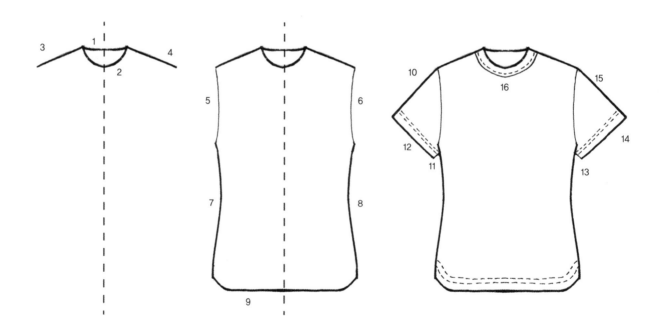

cut & sew

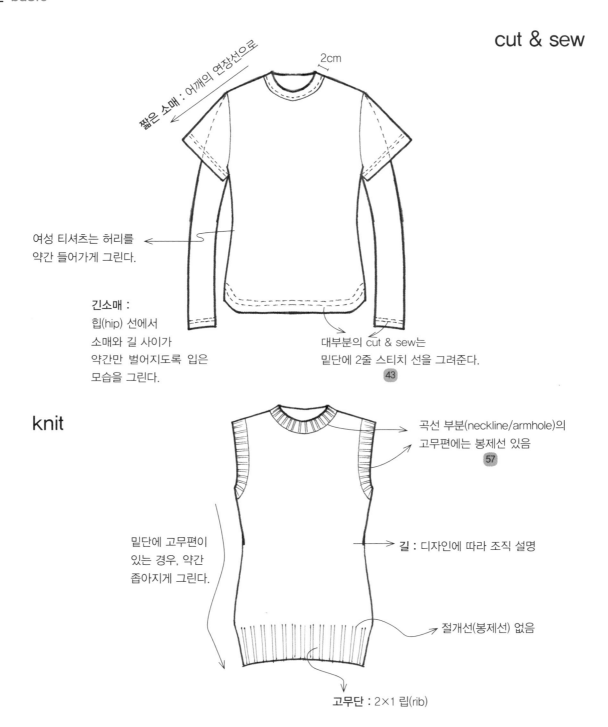

짧은 소매 : 어깨의 연장선으로

2cm

여성 티셔츠는 허리를
약간 들어가게 그린다.

긴소매 :
힙(hip) 선에서
소매와 길 사이가
약간만 벌어지도록 입은
모습을 그린다.

대부분의 cut & sew는
밑단에 2줄 스티치 선을 그려준다.
43

knit

곡선 부분(neckline/armhole)의
고무편에는 봉제선 있음
57

밑단에 고무편이
있는 경우, 약간
좁아지게 그린다.

길 : 디자인에 따라 조직 설명

절개선(봉제선) 없음

고무단 : 2×1 립(rib)

컷앤쏘/니트는 특종기계를 사용하여 봉제하므로, 봉제방법이나 편직 등에 관한 전문지식에 기초한 그림을 그려야 한다. 컷앤쏘의 밑단에는 2줄 스티치가 일반적이며, 니트 밑단의 고무단에는 봉제선이 없고, 길(bodice)의 조직은 부분도와 함께 설명되어야 한다.

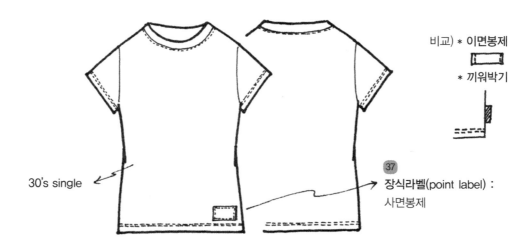

30's single

비교) * 이면봉제

* 끼워박기

37 장식라벨(point label) :
사면봉제

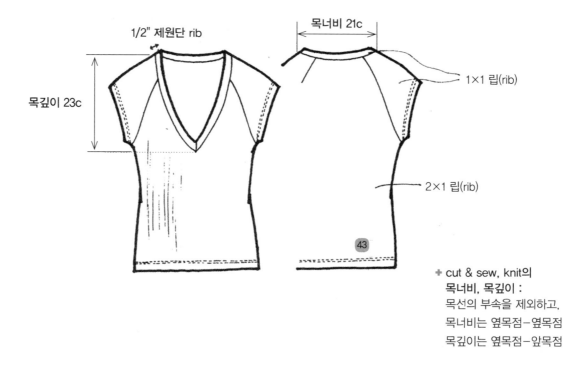

1/2" 제원단 rib

목너비 21c

목깊이 23c

1×1 립(rib)

2×1 립(rib)

43

+ cut & sew, knit의
목너비, 목깊이 :
목선의 부속을 제외하고,
목너비는 옆목점-옆목점
목깊이는 옆목점-앞목점

+ boat neck

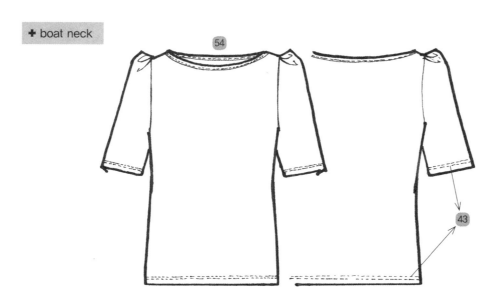

+ polo shirt

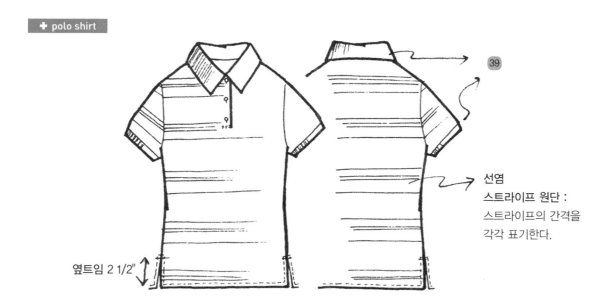

옆트임 2 1/2"

선염
스트라이프 원단 :
스트라이프의 간격을
각각 표기한다.

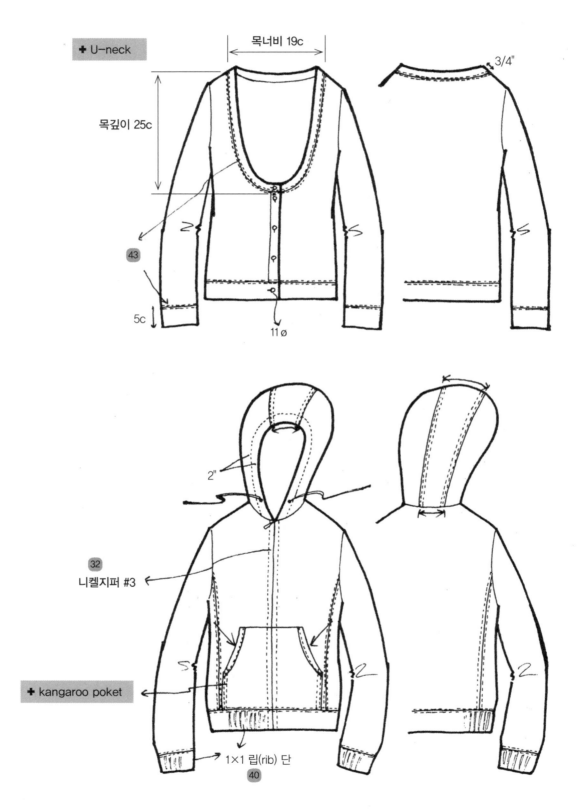

+ U-neck

목너비 19c

목깊이 25c

3/4"

43

5c

11 ∅

2"

32
니켈지퍼 #3

+ kangaroo poket

1×1 립(rib) 단
40

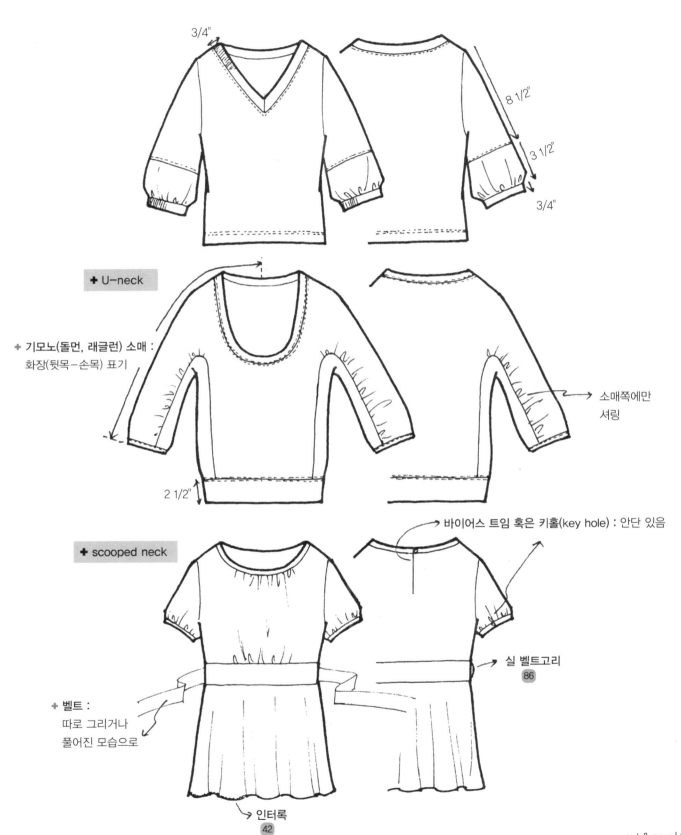

3/4"

8 1/2"

3 1/2"

3/4"

+ U-neck

+ 기모노(돌먼, 래글런) 소매 :
화장(뒷목−손목) 표기

→ 소매쪽에만
셔링

2 1/2"

→ 바이어스 트임 혹은 키홀(key hole) : 안단 있음

+ scooped neck

→ 실 벨트고리
86

+ 벨트 :
따로 그리거나
풀어진 모습으로

→ 인터록
42

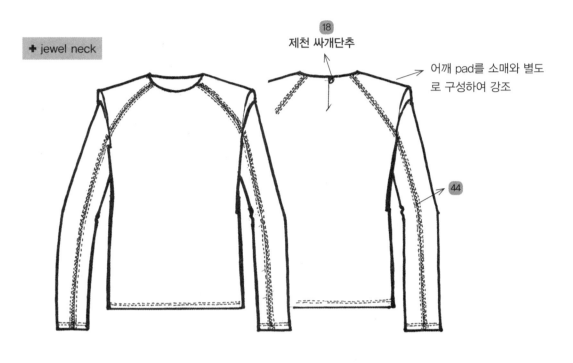

+ jewel neck

⑱
제천 싸개단추

어깨 pad를 소매와 별도
로 구성하여 강조

㊹

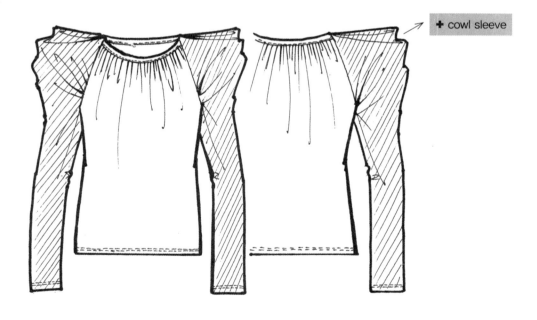

+ cowl sleeve

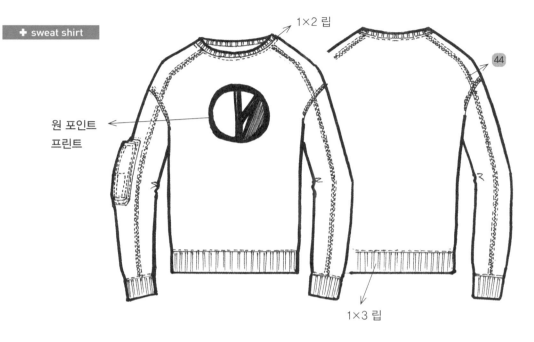

+ sweat shirt

1×2 립

원 포인트
프린트

44

1×3 립

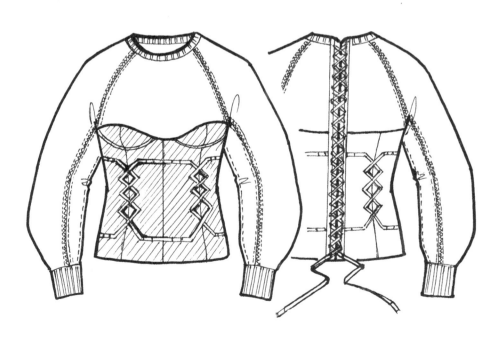

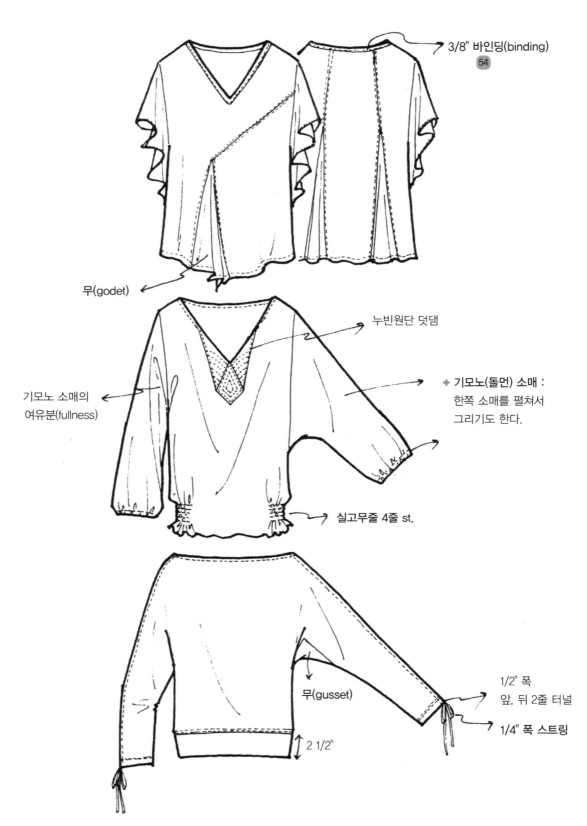

3/8" 바인딩(binding)
54

무(godet)

누빈원단 덧댐

기모노 소매의
여유분(fullness)

기모노(돌먼) 소매 :
한쪽 소매를 펼쳐서
그리기도 한다.

실고무줄 4줄 st.

무(gusset)

1/2" 폭
앞, 뒤 2줄 터널

1/4" 폭 스트링

2 1/2"

54

+ drop shoulder

5"

1/2"
바인딩(binding)
54

+ cap sleeve

2"

3 1/2"

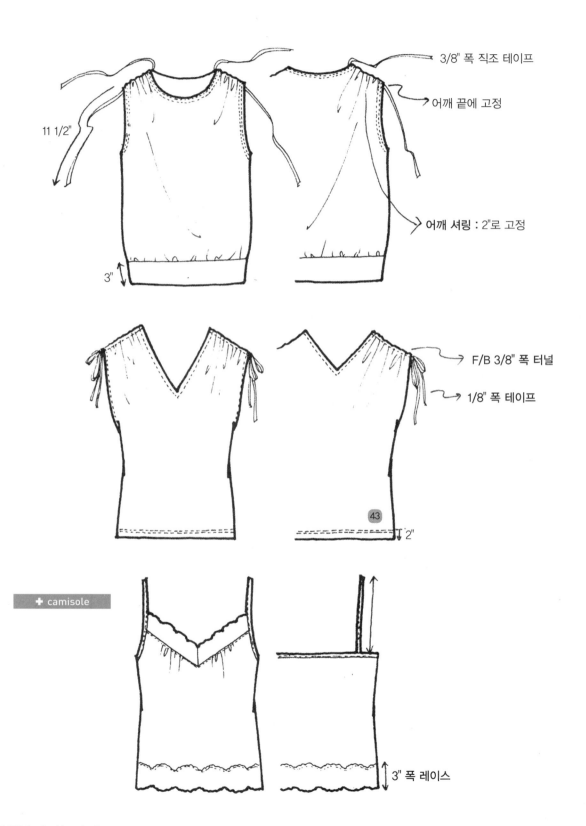

3/8" 폭 직조 테이프

어깨 끝에 고정

11 1/2"

어깨 셔링 : 2"로 고정

3"

F/B 3/8" 폭 터널

1/8" 폭 테이프

43

2"

+ camisole

3" 폭 레이스

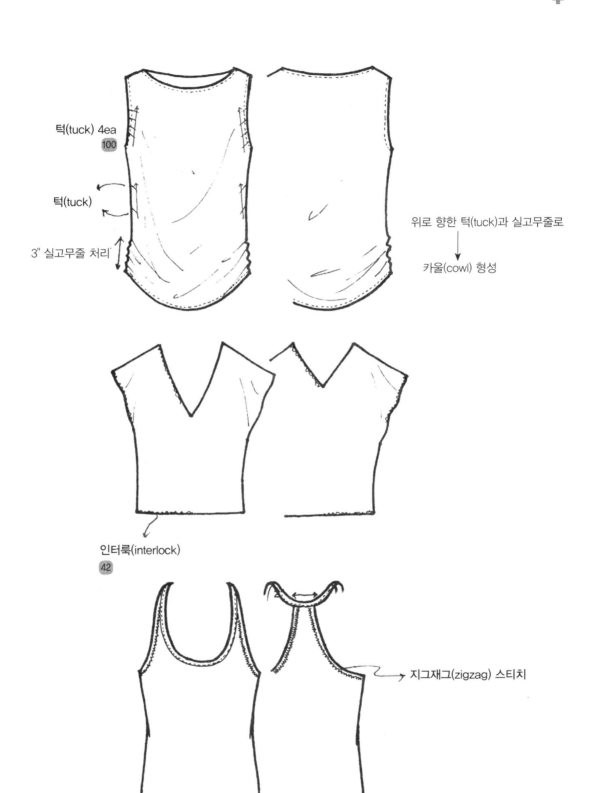

턱(tuck) 4ea
100

턱(tuck)

3" 실고무줄 처리

위로 향한 턱(tuck)과 실고무줄로

카울(cowl) 형성

인터룩(interlock)
42

지그재그(zigzag) 스티치

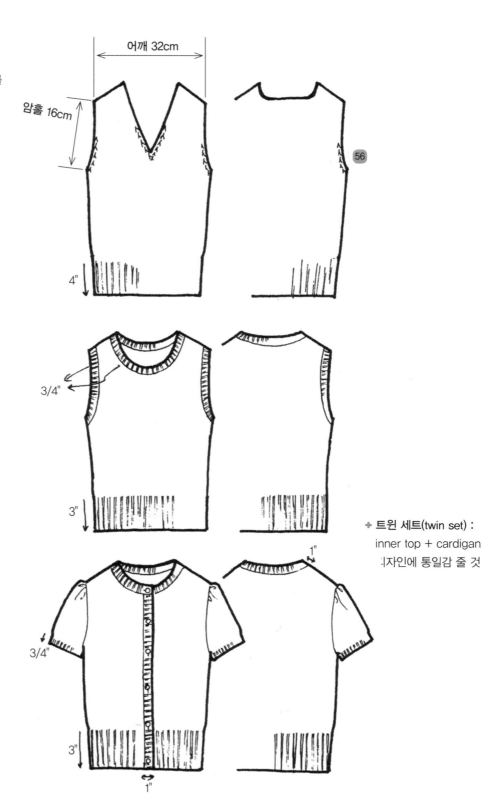

+ 민소매(sleeveless)는
어깨너비와 진동깊이를
결정하여 표기한다.

어깨 32cm

암홀 16cm

56

+ 진동깊이는 어깨끝점
에서 겨드랑점까지
직선으로 잰다.

4"

3/4"

3"

+ 트윈 세트(twin set) :
inner top + cardigan
디자인에 통일감 줄 것

1"

3/4"

3"

1"

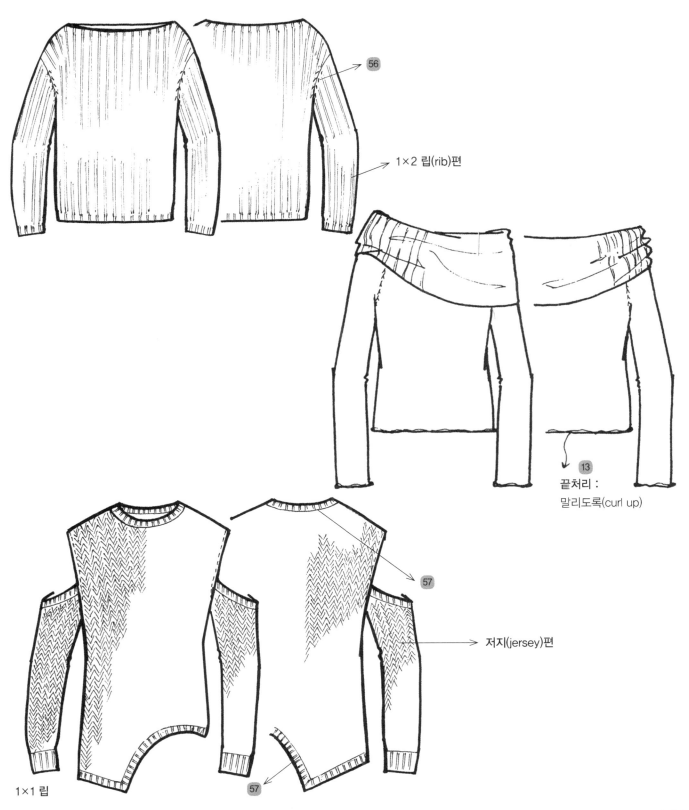

56

1×2 립(rib)편

13

끝처리 :
말리도록(curl up)

57

저지(jersey)편

1×1 립

57

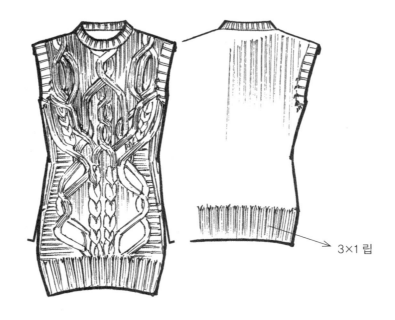

3×1 립

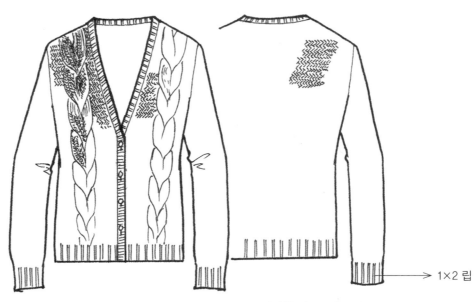

1×2 립

+ 다양한 니트조직 묘사

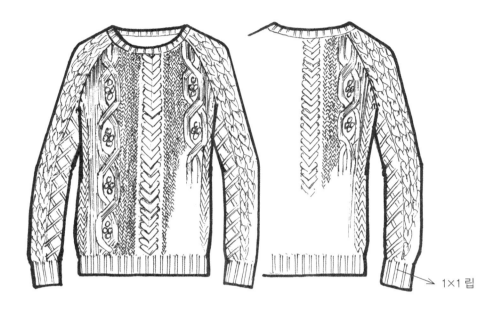

1×1 립

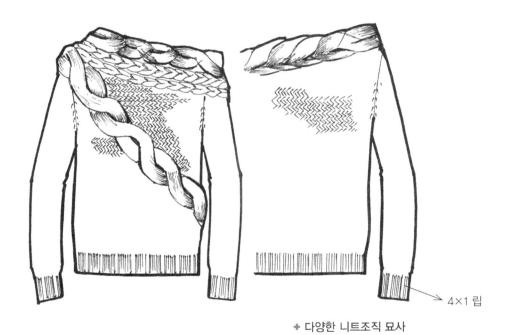

4×1 립

+ 다양한 니트조직 묘사

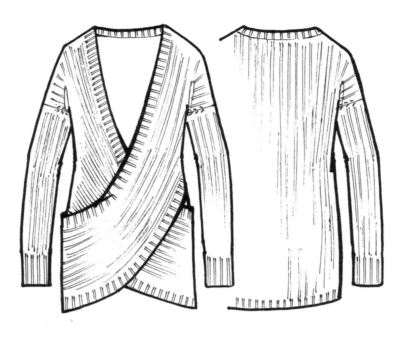

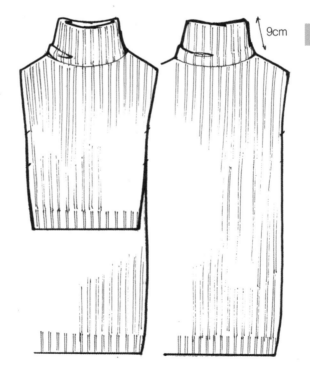

+ mock turtle neck

9cm

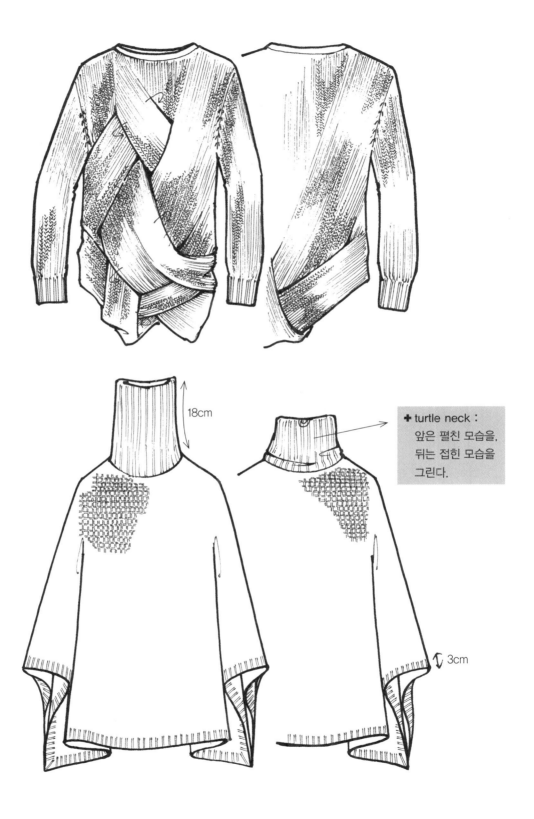

18cm

+ turtle neck :
앞은 펼친 모습을,
뒤는 접힌 모습을
그린다.

3cm

원피스드레스는 여성복의 기본 품목으로서, 품목약어로 OP를 사용한다.

실루엣 silhouette | 필요치수 size

원피스드레스는 블라우스나 니트를 길게 연장시킨다는 느낌으로 그린다.

원피스드레스는 제작의뢰 시, 소재나 디자인에 따라 달라지는 가슴둘레와, 네크라인 디자인, 옷길이, 소매길이 등을 결정, 다른 디자인과의 상대적 치수를 고려하여 비례에 맞는 그림을 그려야 한다.

일반적으로 견본을 의뢰할 때 디자이너는 옷길이와 소매길이(긴 소매가 아닐 경우)만을 지시하고, 나머지 치수는 모델리스트의 그림을 읽는 감각에 맡긴다. 다만, 생산의뢰서를 작성할 때는 어깨너비, 가슴둘레, 옷길이, 소매길이 및 기타 세밀한 부분의 치수를 기입한다. 칼라리스(collarless)의 경우에는 목깊이와 목너비가, 민소매(sleeveless)의 경우에는 진동둘레가 특히 중요하다.

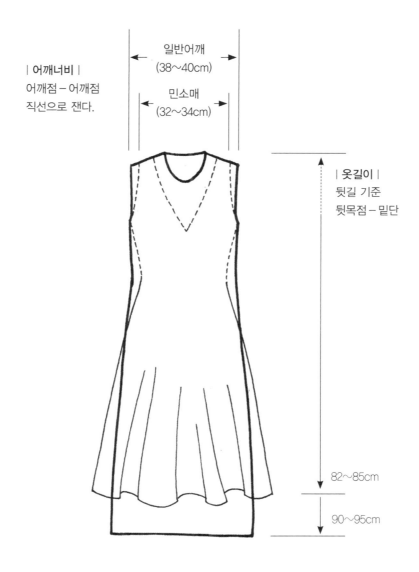

| 어깨너비 |
어깨점 – 어깨점
직선으로 잰다.

일반어깨
(38~40cm)

민소매
(32~34cm)

| 옷길이 |
뒷길 기준
뒷목점 – 밑단

82~85cm

90~95cm

1~2   네크라인 디자인 결정
3~6   양어깨선, 진동선이 대칭되도록
7~8   한쪽 옆선 실루엣과 수평의 밑단선(hemline)
9~10   중심에서 같은 거리에 대칭의 나머지 옆선 그리고, 지퍼위치 표시
11   다트 등 내부선을 그려넣어 완성

언더암 다트
아래로 허리를
직선으로 내림

밑단선은 직선으로

③⓪
콘실지퍼 : 엉덩이선까지

✚ 도식화는 정확해야 한다.
입을 수 있는지를 고려하여
여밈의 방법과 위치를 결정한다.
목둘레가 충분히 큰 민소매
원피스에는 옆선 콘실지퍼가,
소매 있는 원피스에는 뒷중심
지퍼가 적당하다.

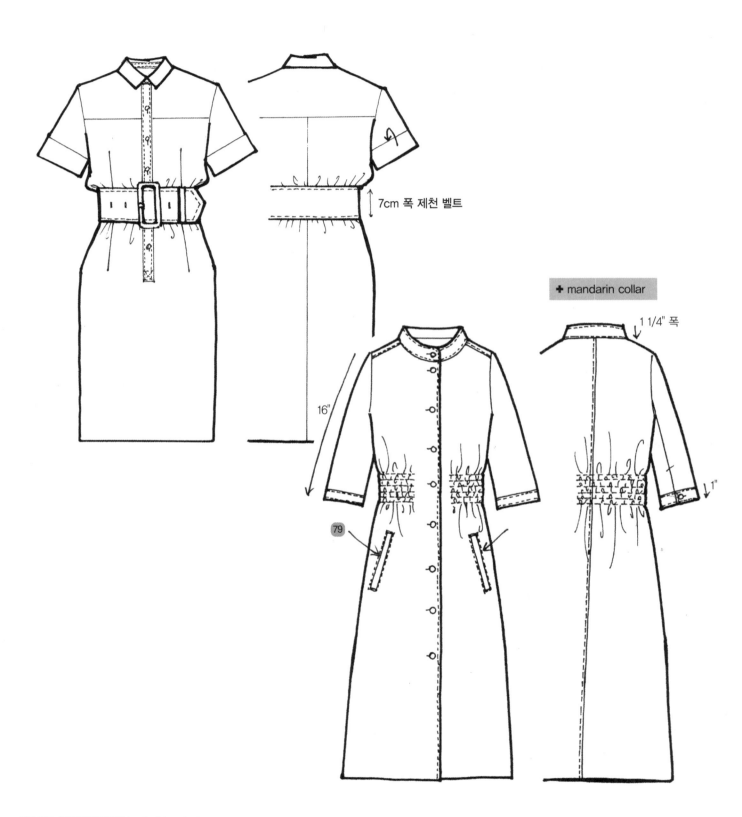

7cm 폭 제천 벨트

+ mandarin collar

1 1/4" 폭

16"

79

1"

자수문양 표시 :
자수원단이 아닌 경우,
자수가 적용된 부분을
다 그려준다.

걸고리

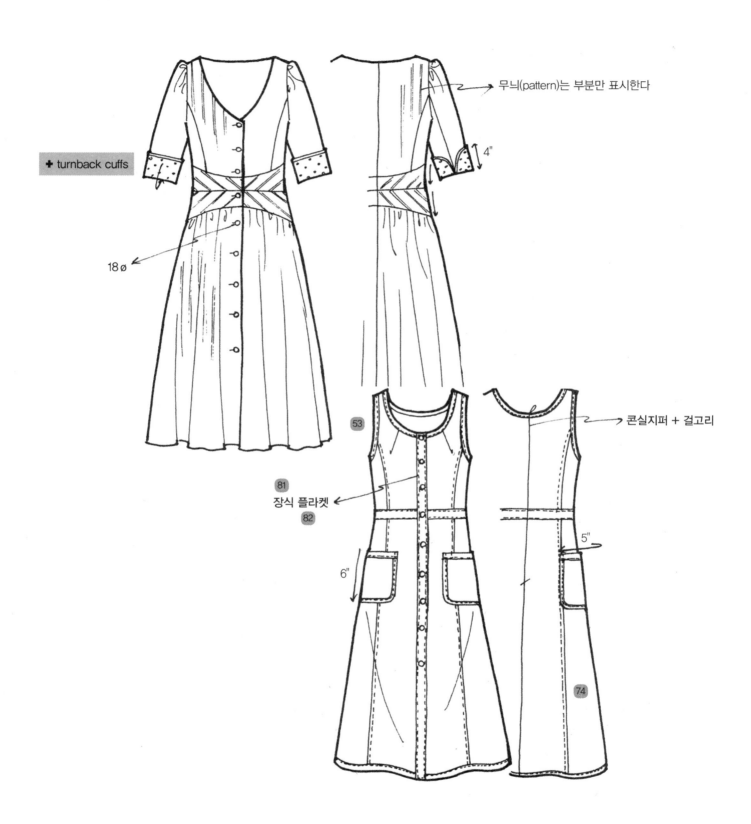

+ turnback cuffs

무늬(pattern)는 부분만 표시한다

4"

18 ø

53

콘실지퍼 + 걸고리

81
장식 플라켓
82

6"

5"

74

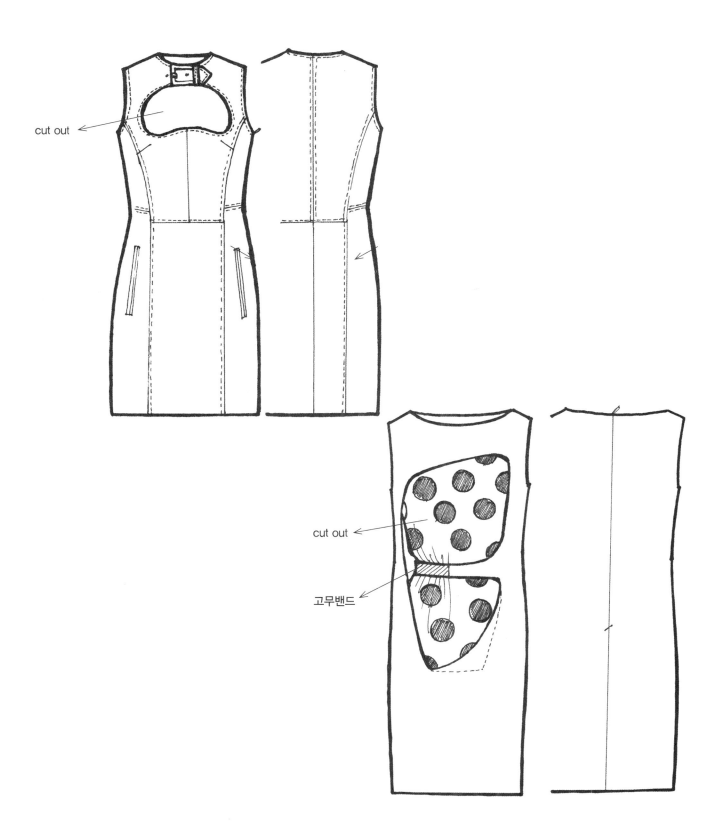

cut out

cut out

고무밴드

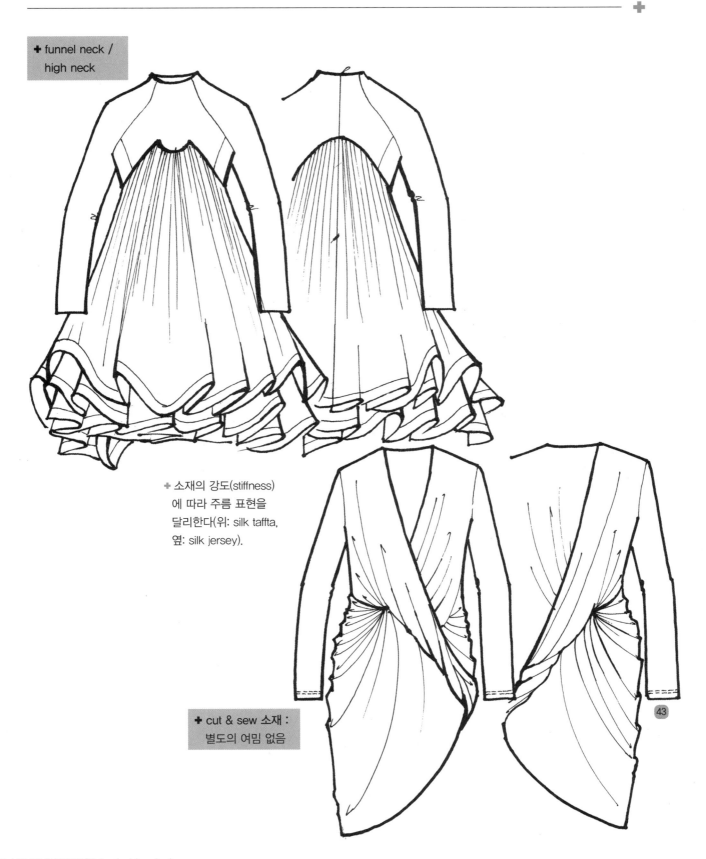

+ 소재의 강도(stiffness)
에 따라 주름 표현을
달리한다(위: silk taffta,
옆: silk jersey).

+ cut & sew 소재 :
별도의 여밈 없음

43

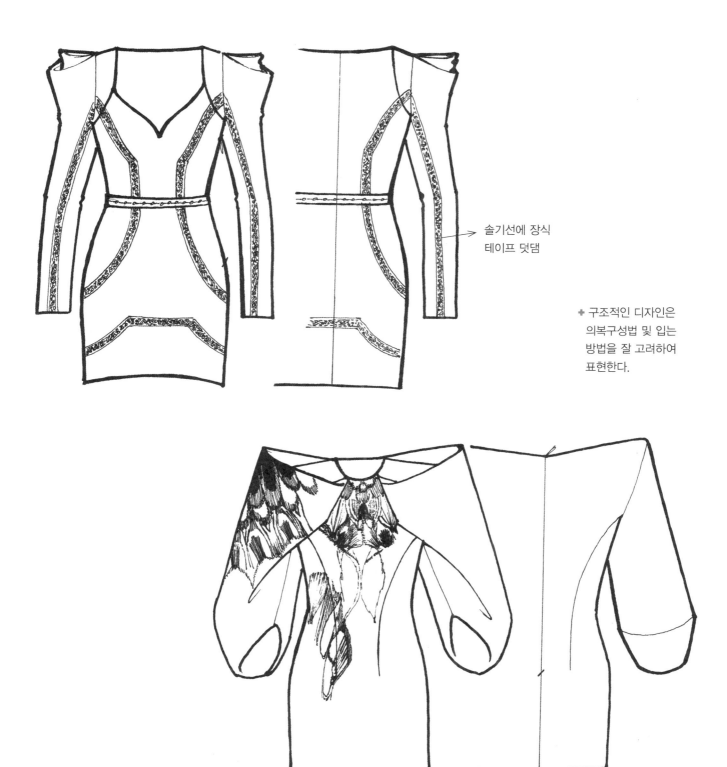

솔기선에 장식
테이프 덧댐

+ 구조적인 디자인은
의복구성법 및 입는
방법을 잘 고려하여
표현한다.

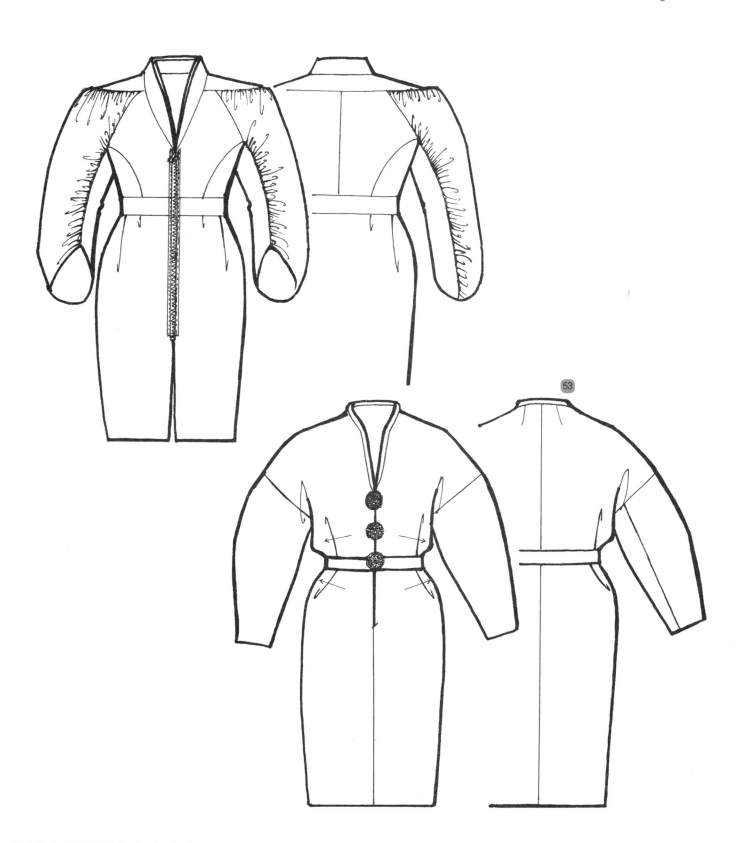

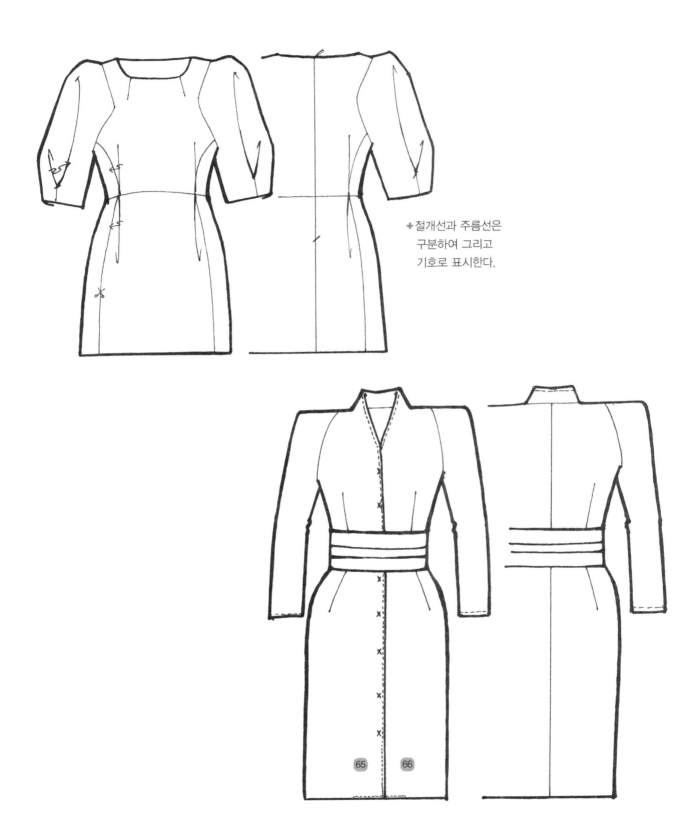

＋절개선과 주름선은
　구분하여 그리고
　기호로 표시한다.

배색원단 패널

무늬 부분 표시

주름의 방향 표시

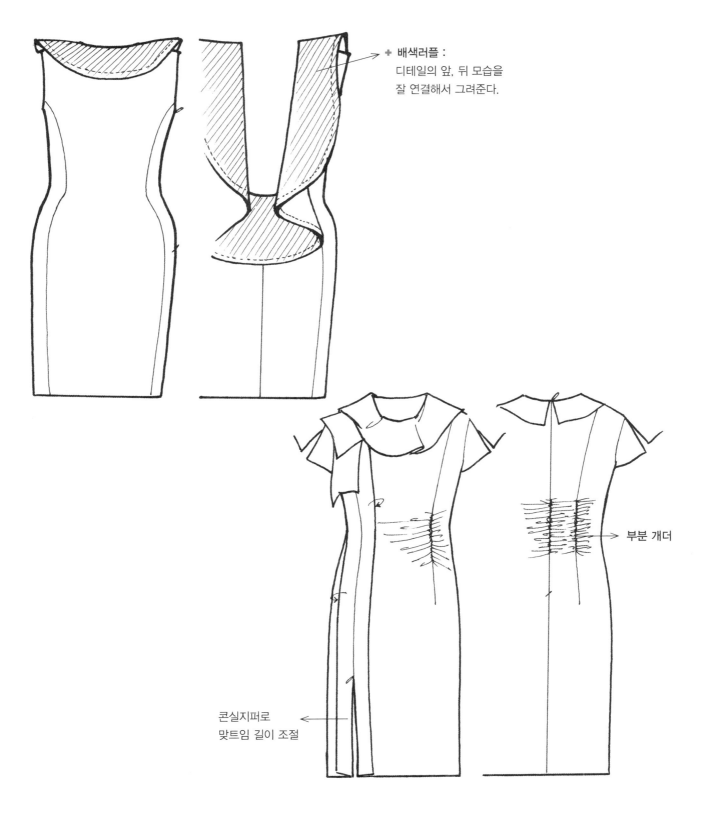

배색러플 :
디테일의 앞, 뒤 모습을
잘 연결해서 그려준다.

부분 개더

콘실지퍼로
맞트임 길이 조절

42
인터록
(interlock)

1 1/4"

1/8" 파이핑
끼워물림

55
1/8" 파이핑

6"

1/8" 바이어스
53

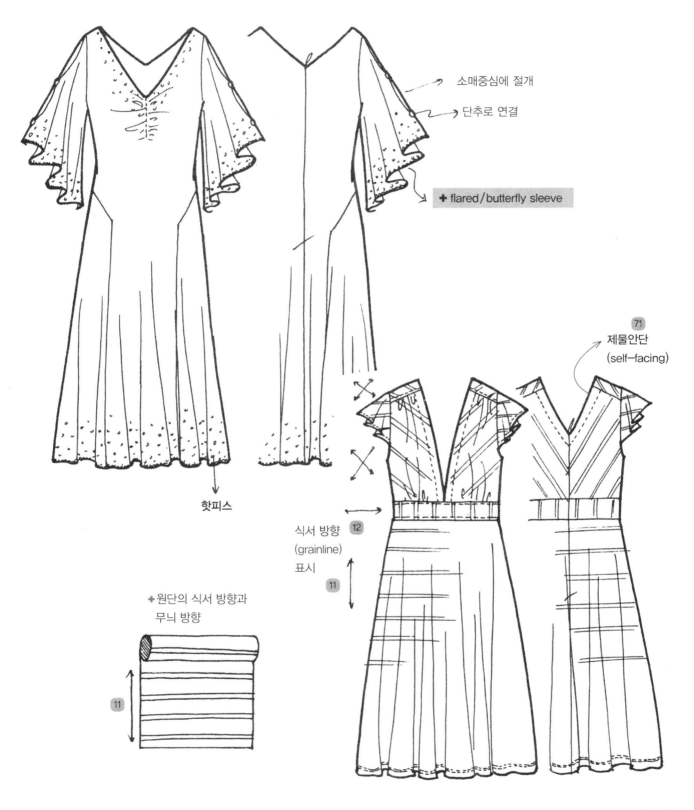

소매중심에 절개

단추로 연결

+ flared / butterfly sleeve

제물안단
(self-facing)

핫피스

식서 방향 (grainline) 표시

+원단의 식서 방향과
무늬 방향

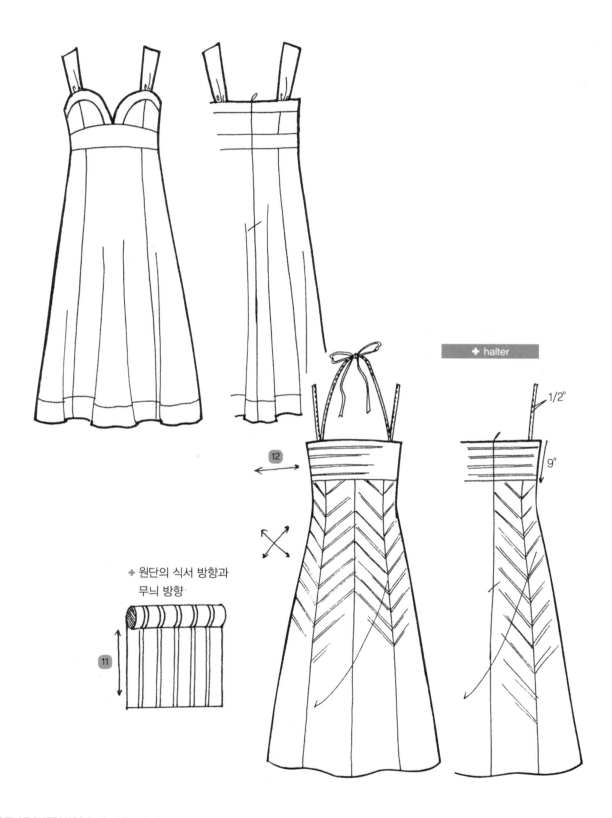

1/2"

9"

원단의 식서 방향과
무늬 방향

12

11

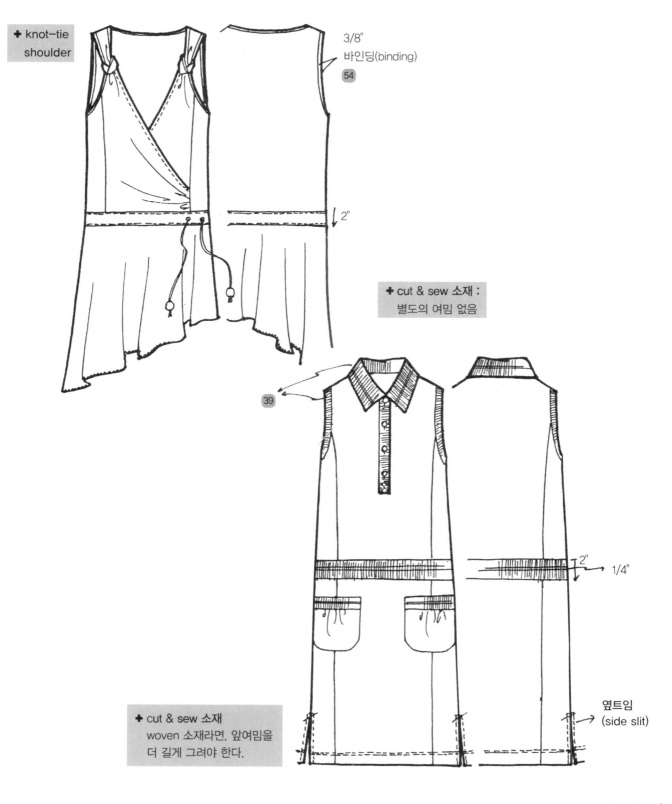

+ knot–tie shoulder

3/8"
바인딩(binding)
54

2"

+ cut & sew 소재 :
별도의 여밈 없음

39

+ cut & sew 소재
woven 소재라면, 앞여밈을
더 길게 그려야 한다.

2" 1/4"

옆트임
(side slit)

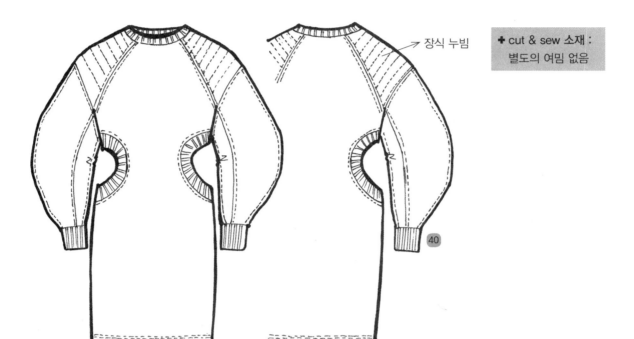

장식 누빔

+ cut & sew 소재 :
별도의 여밈 없음

40

+ cut & sew 소재 :
별도의 여밈 없음

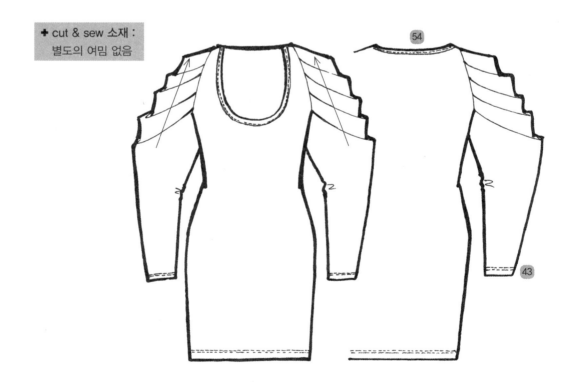

54

43

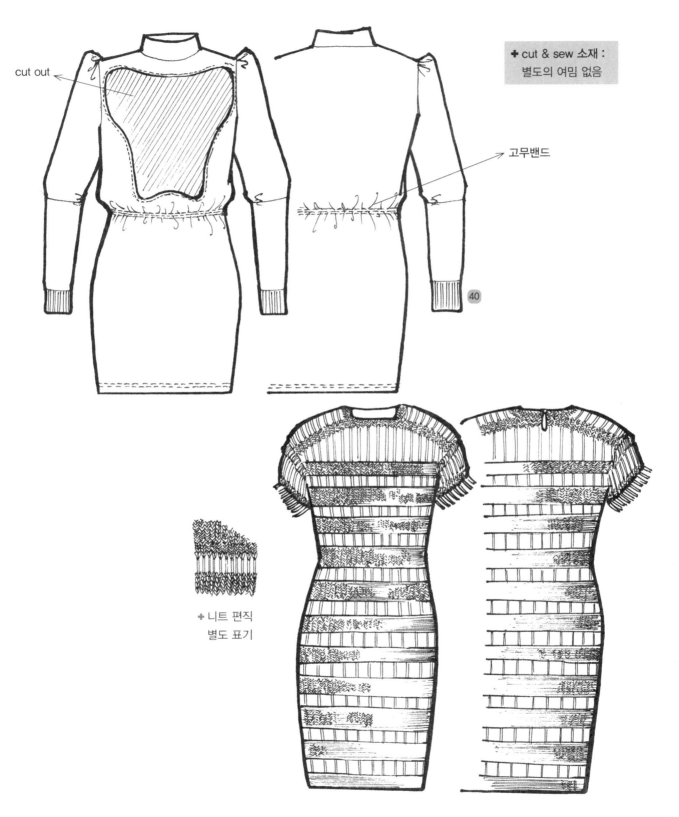

cut out

 cut & sew 소재 :
별도의 여밈 없음

고무밴드

40

+ 니트 편직
별도 표기

재킷의 약어로는 JK를, 코트의 약어로는 CT를 사용한다.
때로 레인코트, 하프코트, 롱코트를 R/CT, H/CT, L/CT로 구분하기도 한다.

실루엣 silhouette | 필요치수 size

재킷/코트는 앞중심선(단추가 달린 선)을 중심으로 칼라, 길, 소매는 물론이고 옷 내부의 모든 디테일이 좌우대칭이 되도록 주의하여 그린다. 재킷은 블라우스나 티셔츠보다 소매통을 살짝 크게 그리고, 코트는 재킷보다 소매통과 어깨를 살짝 크게 그린다.

재킷/코트는 제작 의뢰 시, 칼라와 라펠의 모양, 옷길이, 소매길이 등을 결정, 다른 디자인과의 상대적 치수를 고려하여 비례에 맞는 그림을 그려야 한다. 일반적으로 견본을 의뢰할 때 디자이너는 옷길이와 소매길이(긴 소매가 아닐 경우)만을 지시하고, 나머지 치수는 모델리스트의 그림을 읽는 감각에 맡긴다. 다만 생산의뢰서를 작성할 때는 어깨너비, 가슴둘레, 옷길이, 소매길이, (소매통, 소매단둘레) 및 기타 세밀한 부분의 치수를 기입한다.

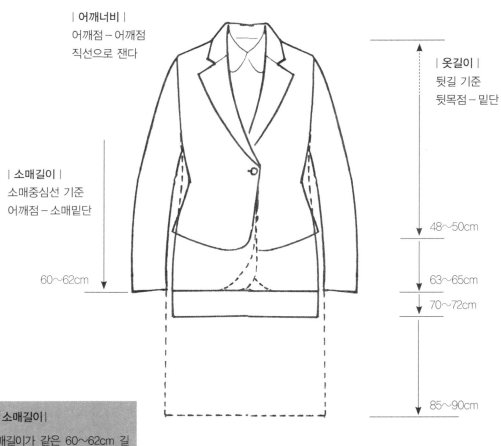

| 어깨너비 |
어깨점 – 어깨점
직선으로 잰다

| 옷길이 |
뒷길 기준
뒷목점 – 밑단

| 소매길이 |
소매중심선 기준
어깨점 – 소매밑단

60～62cm

48～50cm

63～65cm

70～72cm

85～90cm

| 옷길이 VS 소매길이 |
옷길이와 소매길이가 같은 60～62cm 길이일 때 '뒷목점–어깨점'의 거리인 3cm의 차이가 그림에 나타나야 한다.
즉, 옷길이가 63～65cm 정도일 때 밑단선(hem line)은 소매(60～62cm)밑단과 같은 위치에 놓인다.

순서 order

칼라

1~2   뒷칼라의 스탠드 분량 결정

3~4   칼라 꺾임선과 스탠딩 선

5~8   너치 선(notch line)의 위치, 칼라와 라펠(lapel)의 모양 결정: upper front의 칼라는 단추의 여밈 분량 고려하여 중심선을 넘어서도록 연장하여 그린다.

9~14   반대편 칼라, 중심에서 대칭되도록

길

1~4   양어깨와 진동, 중심에서 대칭되도록

5~7   양옆선, 중심에서 대칭되도록 그리고, 밑단(hem) 결정

8   여밈선, 단추, 다트, 절개선, 주머니 등 내부선을 그려넣는다.

9~11   힙(hip) 선에서 소매와 길 사이가 약간만 벌어지도록, 직선의 소매를 그린다.

12~14   대칭이 되도록 주의하며, 나머지 소매를 그려 재킷/코트 디자인 완성

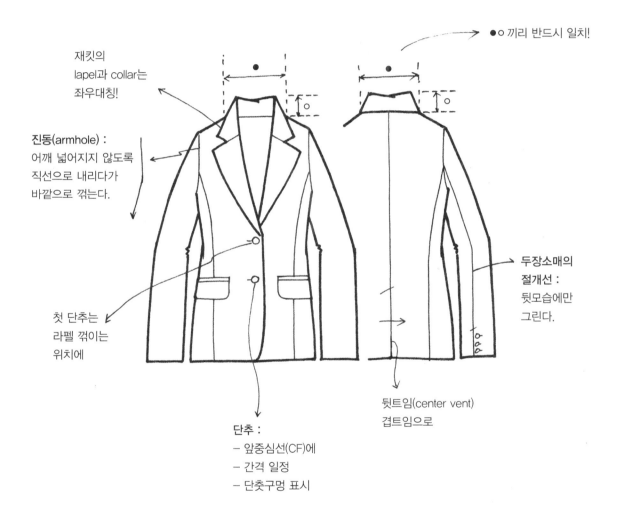

●○ 끼리 반드시 일치!

재킷의
lapel과 collar는
좌우대칭!

진동(armhole) :
어깨 넓어지지 않도록
직선으로 내리다가
바깥으로 꺾는다.

첫 단추는
라펠 꺾이는
위치에

두장소매의
절개선 :
뒷모습에만
그린다.

단추 :
– 앞중심선(CF)에
– 간격 일정
– 단춧구멍 표시

뒷트임(center vent)
겹트임으로

1. 칼라 모양/단추, 좌우대칭이 되도록

2. 칼라 모양에 따라 스탠드 높이, 어깨너비 등을 정확히 표현한다.

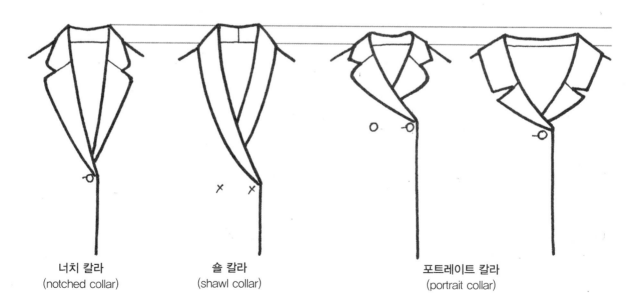

너치 칼라
(notched collar)

숄 칼라
(shawl collar)

포트레이트 칼라
(portrait collar)

3. 여밈폭(extension)/칼라 폭/라펠 폭
   에 따라 칼라 모양이 달라진다.

4. 칼라와 요크를 정확히 구분한다.

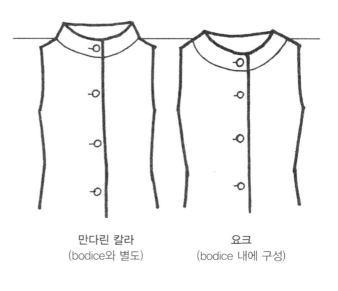

만다린 칼라
(bodice와 별도)

요크
(bodice 내에 구성)

5. 셋인(set-in) 소매/래글런(raglan) 소매

래글런 소매 : 셋인 소매를 먼저 그려놓고, 래글런 선을 그려넣
은 후 어깨선을 자연스럽게 굴려준다.

6. 앞자락(front lap) 모양

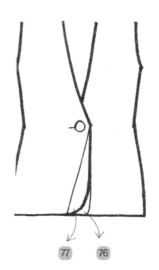

+ tuxedo jacket

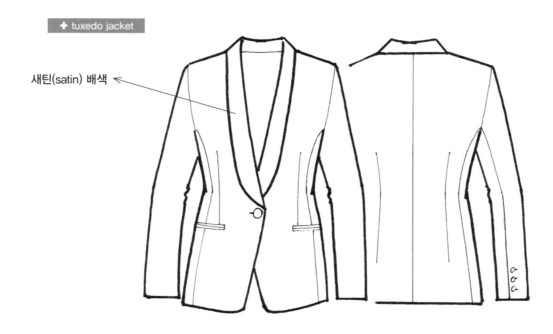

새틴(satin) 배색

라펠(lapel)
별도 재단

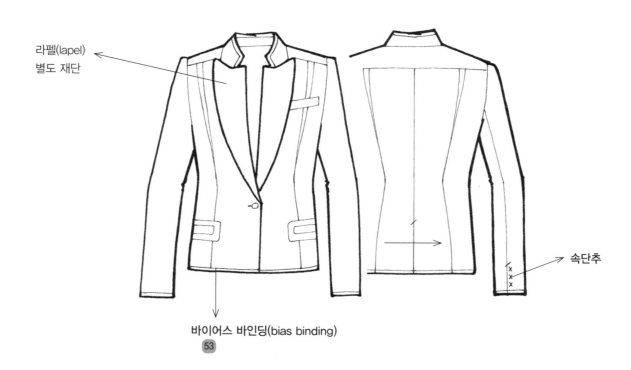

속단추

바이어스 바인딩(bias binding)

53

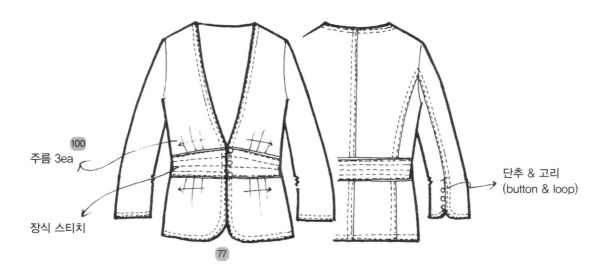

주름 3ea

장식 스티치

단추 & 고리
(button & loop)

2" 폭 요크

1/4" 파이핑

올풀림 단
(frayed edge)

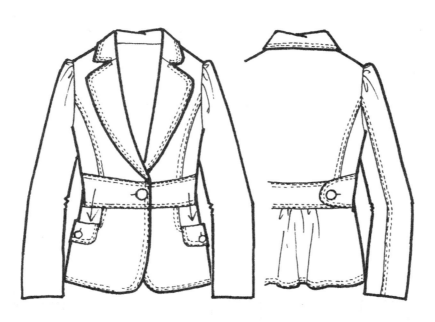

칼라까지 연장된
여러 겹의 주름 장식이
옆선에 연결됨

56c

+ portrait collar

3 1/2"

맞주름

81
장식단춧구멍
46

1"×7"
33

15 ø 단추

+ cargo/safari pocket

+ jewel neck

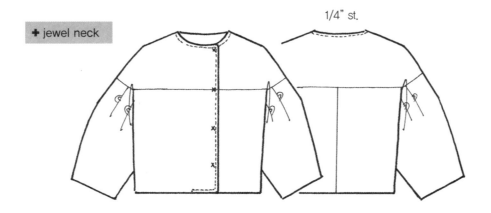

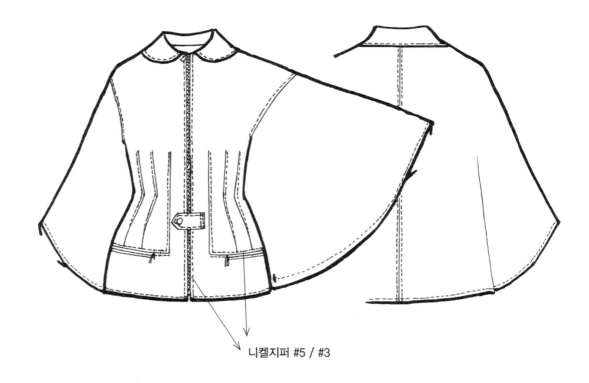

니켈지퍼 #5 / #3

칼라와 라펠 분리 :
너치선(notch line) 없음

립(rib) 니트(knit)소매

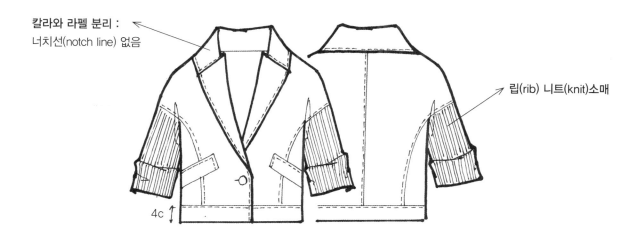

4c

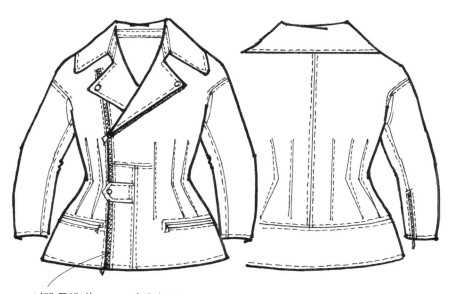

니켈 투웨이(two-way)지퍼 #5

속스냅 ←

+ puff sleeve

3/8" st.

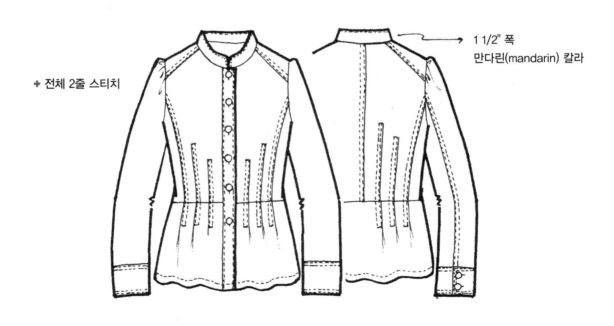

+ 전체 2줄 스티치

1 1/2" 폭
만다린(mandarin) 칼라

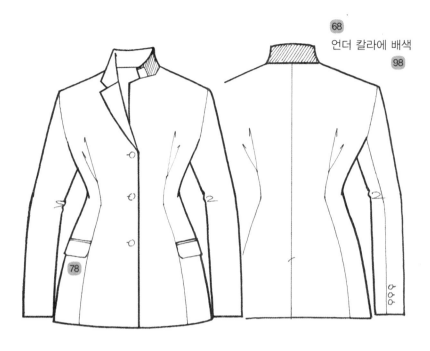

68

언더 칼라에 배색

98

78

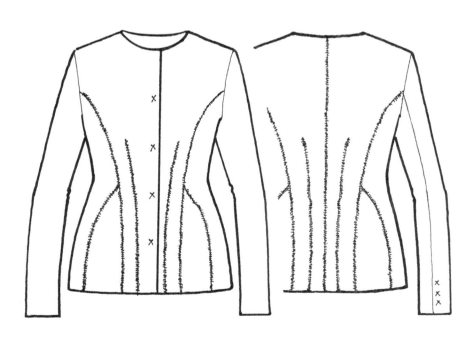

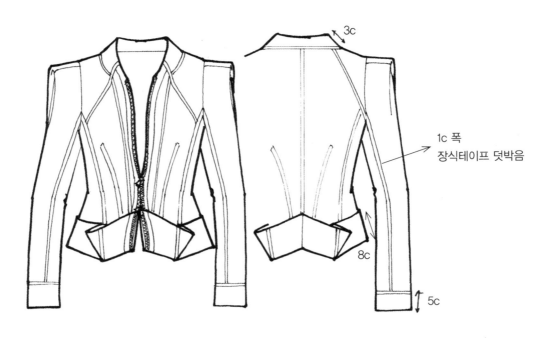

3c

1c 폭
장식테이프 덧박음

8c

5c

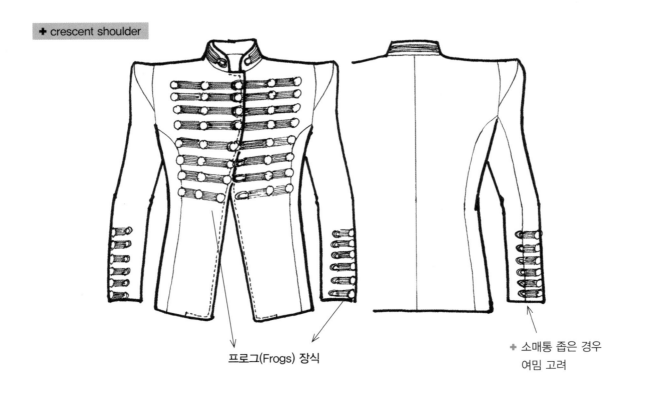

프로그(Frogs) 장식

+ 소매통 좁은 경우
여밈 고려

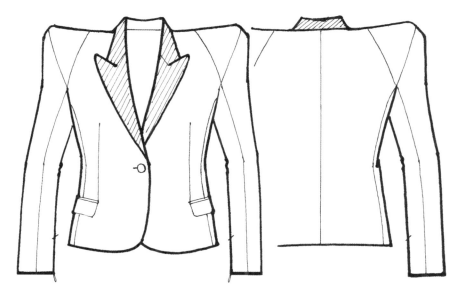

+ 소매통 좁은 경우
여밈 고려

+ pagoda shoulder

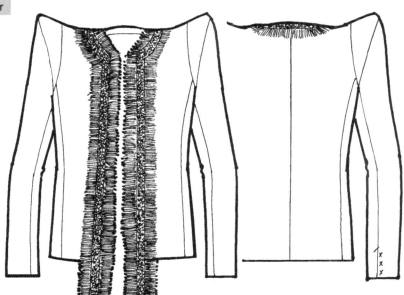

속스냅

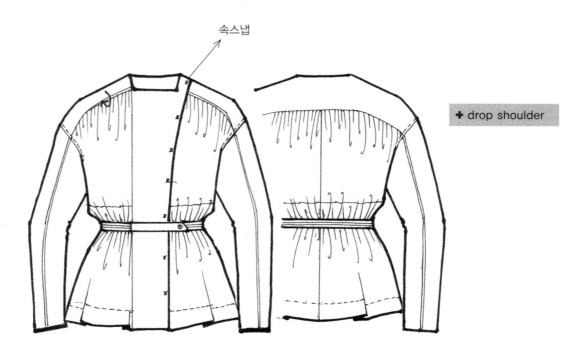

+ drop shoulder

✚ 벨트는 따로 그려준다.

4c

150c

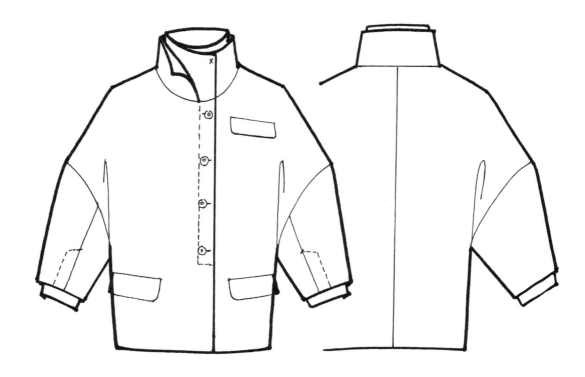

+ cape

+ lantern sleeve

견장(epaulet) :
실로 고정(tack)

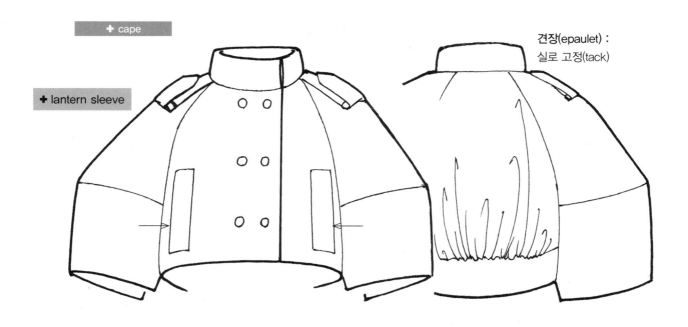

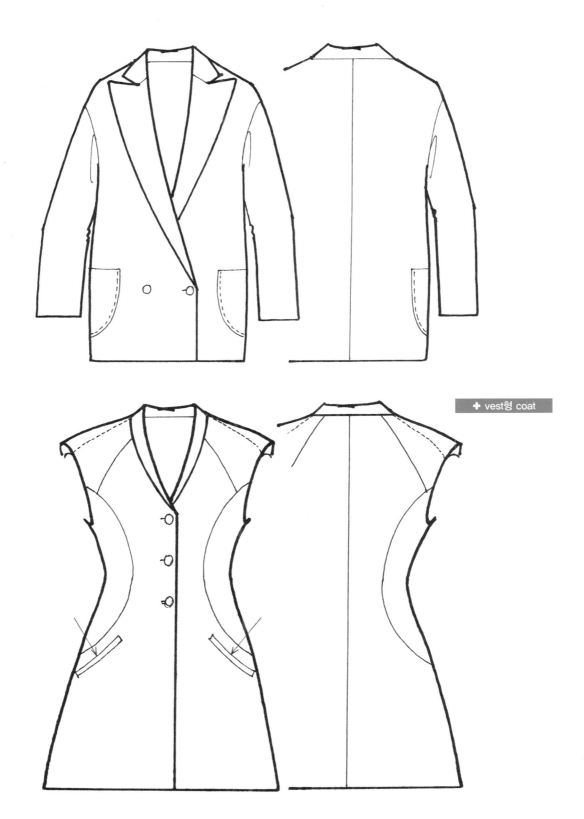

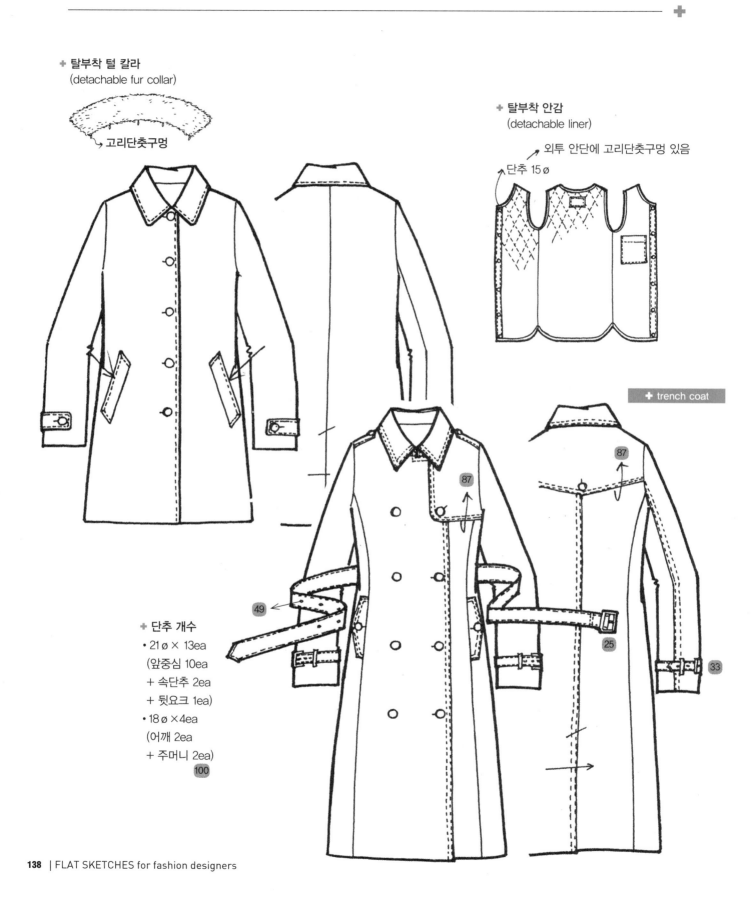

탈부착 털 칼라
(detachable fur collar)

고리단춧구멍

탈부착 안감
(detachable liner)

외투 안단에 고리단춧구멍 있음

단추 15 ø

+ trench coat

단추 개수
• 21 ø × 13ea
  (앞중심 10ea
  + 속단추 2ea
  + 뒷요크 1ea)
• 18 ø ×4ea
  (어깨 2ea
  + 주머니 2ea)

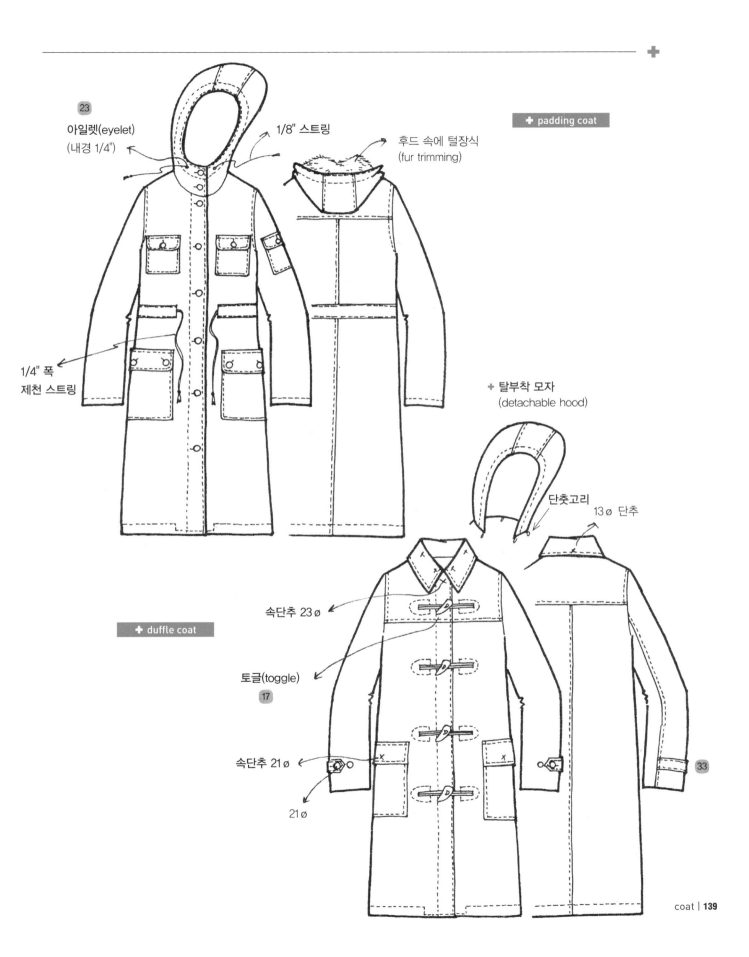

㉓
아일렛(eyelet)
(내경 1/4")

1/8" 스트링

후드 속에 털장식
(fur trimming)

+ padding coat

1/4" 폭
제천 스트링

+ 탈부착 모자
(detachable hood)

단춧고리

13 ø 단추

속단추 23 ø

+ duffle coat

토글(toggle)
⑰

속단추 21 ø

21 ø

㉝

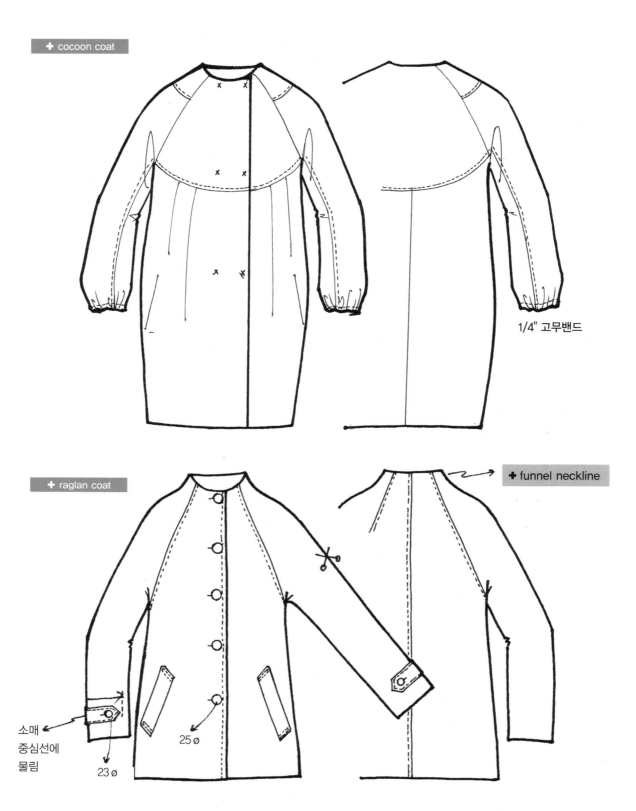

+ cocoon coat

1/4" 고무밴드

+ raglan coat

+ funnel neckline

소매
중심선에
물림

23 ø

25 ø

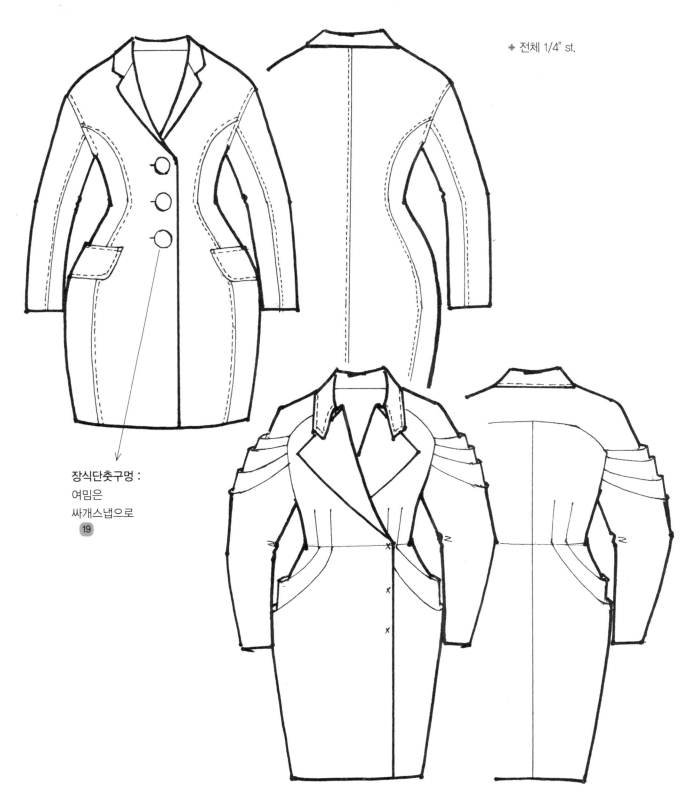

＋ 전체 1/4" st.

장식단춧구멍 :
여밈은
싸개스냅으로
⑲

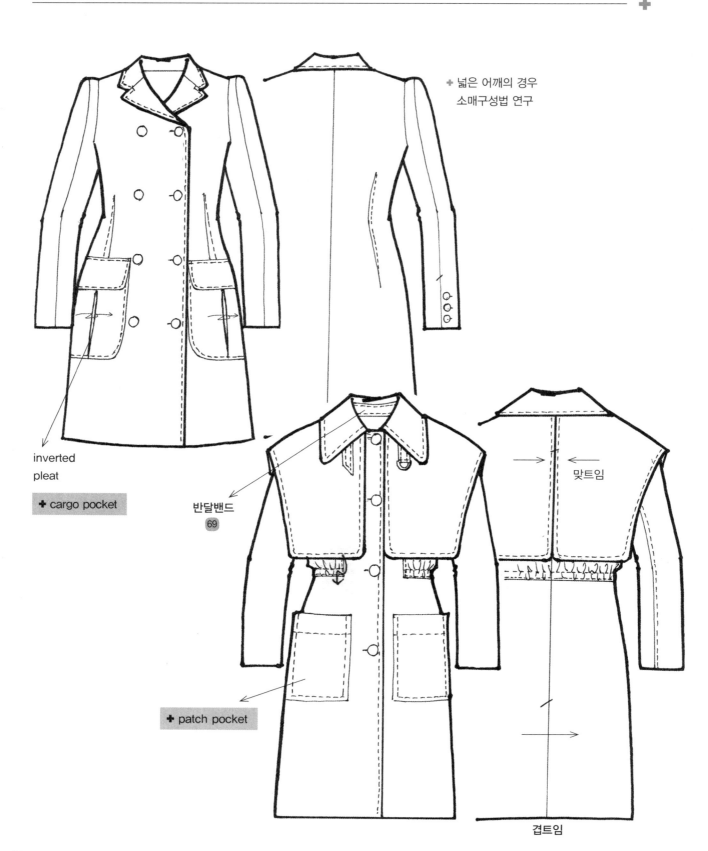

inverted
pleat

+ cargo pocket

넓은 어깨의 경우
소매구성법 연구

반달밴드
69

+ patch pocket

맞트임

겹트임

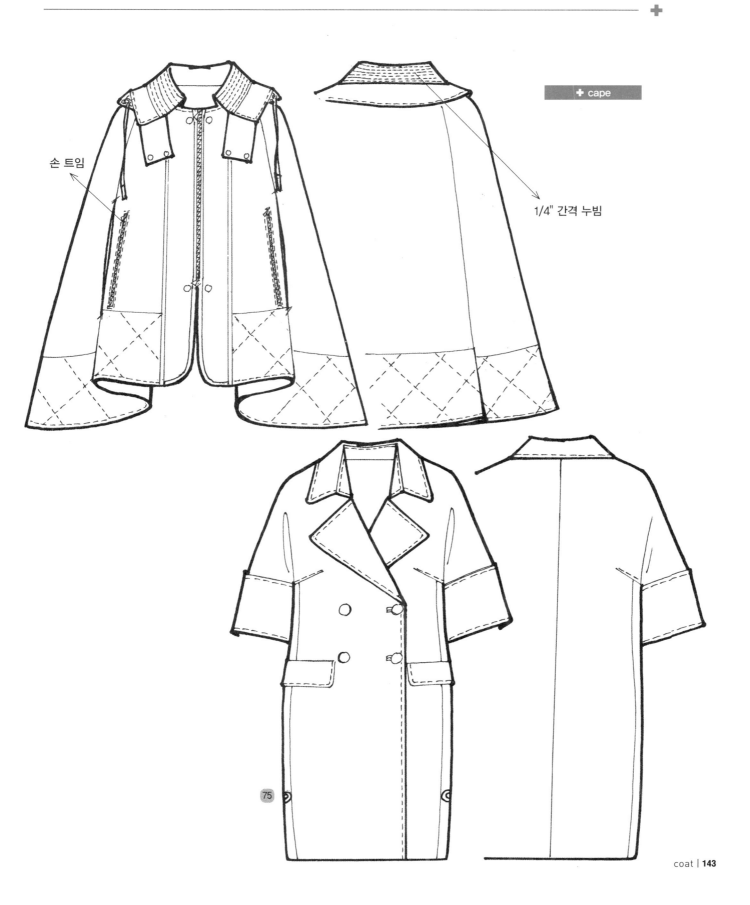

손 트임

1/4" 간격 누빔

+ cape

75

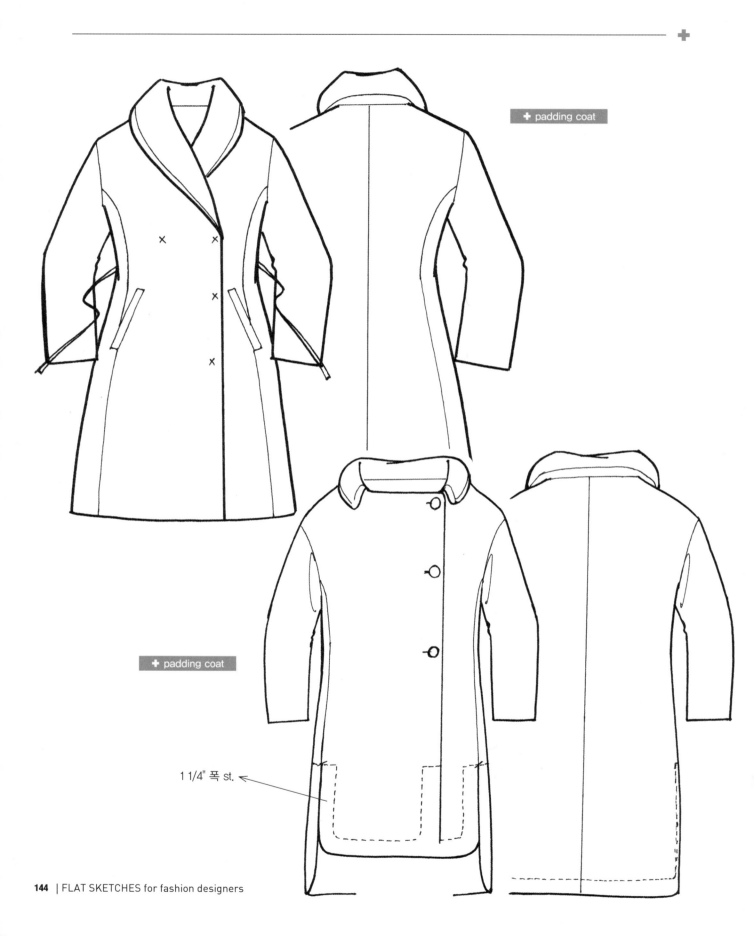

+ padding coat

+ padding coat

1 1/4" 폭 st.

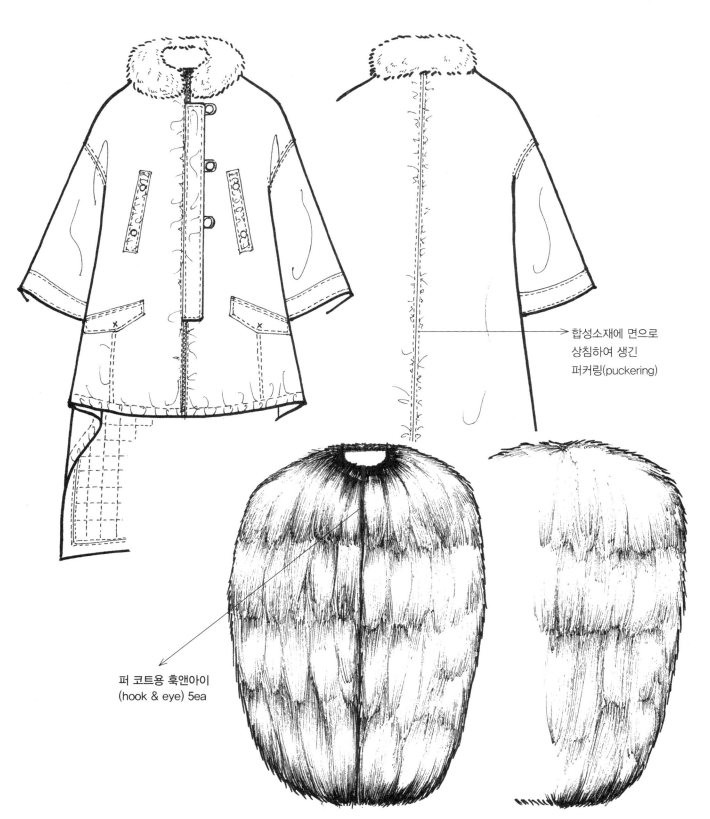

합성소재에 면으로
상침하여 생긴
퍼커링(puckering)

퍼 코트용 훅앤아이
(hook & eye) 5ea

캐주얼 품목인 점퍼의 약어로는 JP를 사용한다.

실루엣 silhouette | 필요치수 size

점퍼는 디테일이 특히 많은 아이템이므로 여러 디자인의 실루엣 연습과 함께 부자재의 종류와 봉제방법, 여러 가지 가능한 절개선 등 전문적인 사항을 익히는 것이 중요하다. 세부 디테일의 흐름을 이해하면서, 다양한 디자인의 앞, 뒤 모습을 그려본다.
일반적으로 견본을 의뢰할 때 디자이너는 옷길이와 소매길이(긴 소매가 아닐 경우)만을 지시하고, 나머지 치수는 모델리스트의 그림을 읽는 감각에 맡긴다. 다만, 생산의뢰서를 작성할 때는 어깨너비, 가슴둘레, 옷길이, 소매길이, (소매통, 소매단둘레) 및 기타 세밀한 부분의 치수를 기입한다.

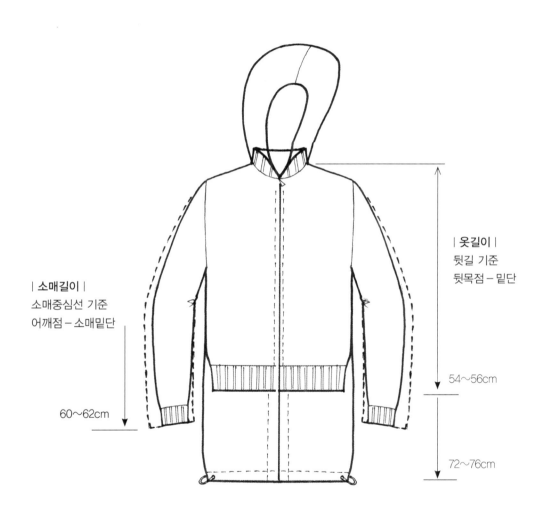

| 소매길이 |
소매중심선 기준
어깨점 – 소매밑단

60~62cm

| 옷길이 |
뒷길 기준
뒷목점 – 밑단

54~56cm

72~76cm

순서 order

모자

1~2 네크라인과 모자의 외형선

3~4 앞중심선과 모자의 가장자리

5 절개선, 스티치 등 내부선을 그려넣어 완성

길

1~2 양어깨 중심에서 대칭되도록

3~6 양진동과 양옆선, 중심에서 대칭되도록 그린다.

7~9 밑단은 수평선으로 그리고 중심선을 그려넣는다.

10 여밈선, 지퍼, 주머니, 절개선 등 내부선을 그려넣는다.

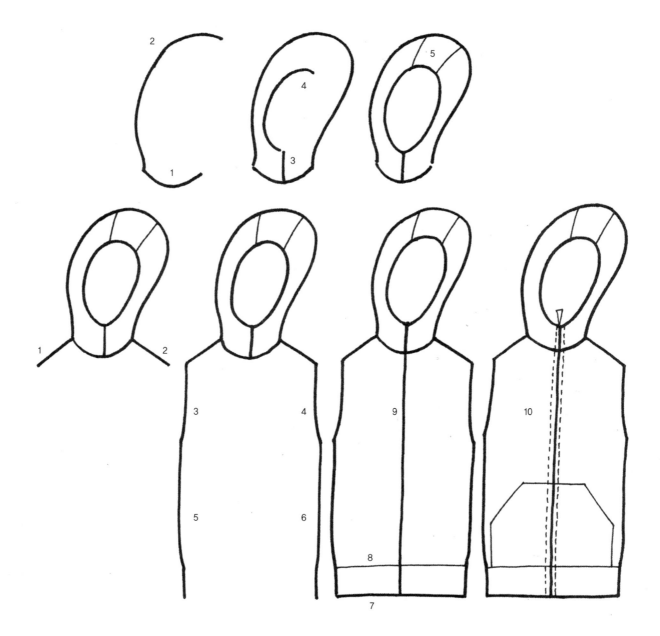

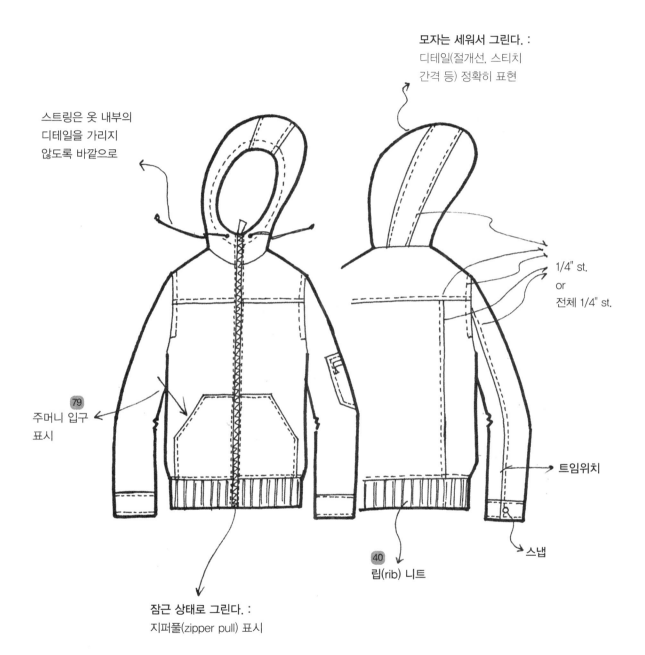

모자는 세워서 그린다. :
디테일(절개선, 스티치
간격 등) 정확히 표현

스트링은 옷 내부의
디테일을 가리지
않도록 바깥으로

1/4" st.
or
전체 1/4" st.

79
주머니 입구
표시

트임위치

스냅

잠근 상태로 그린다. :
지퍼풀(zipper pull) 표시

40
립(rib) 니트

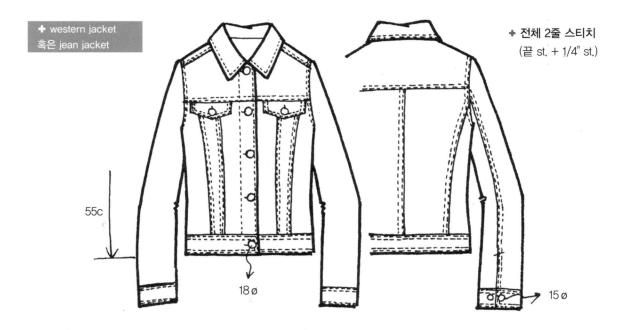

western jacket
혹은 jean jacket

55c

18 ø

15 ø

+ 전체 2줄 스티치
(끝 st. + 1/4" st.)

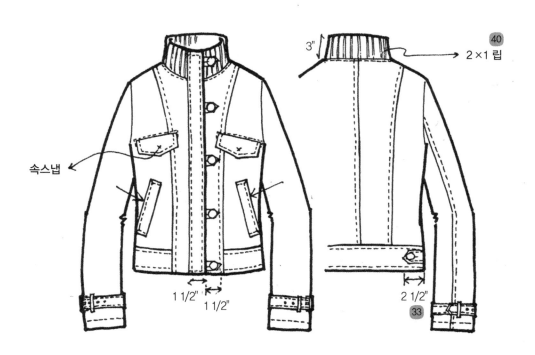

속스냅

1 1/2"   1 1/2"

3"

40
2×1 립

2 1/2"

33

디링(D-ring) + 벨크로테이프

장식
벨크로테이프
28

리벳

zlipper teath 안 보이게

99
제원단 덧댐

1/4" 폭
바이어스 바인딩
53

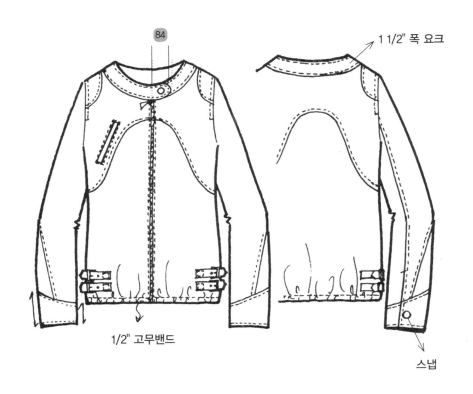

84

1 1/2" 폭 요크

1/2" 고무밴드

스냅

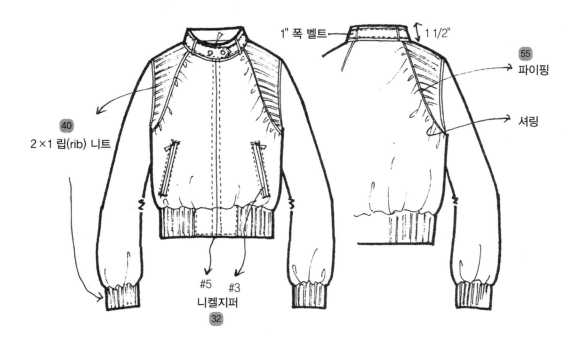

1" 폭 벨트

1 1/2"

55 파이핑

셔링

40

2×1 립(rib) 니트

#5 #3

니켈지퍼

32

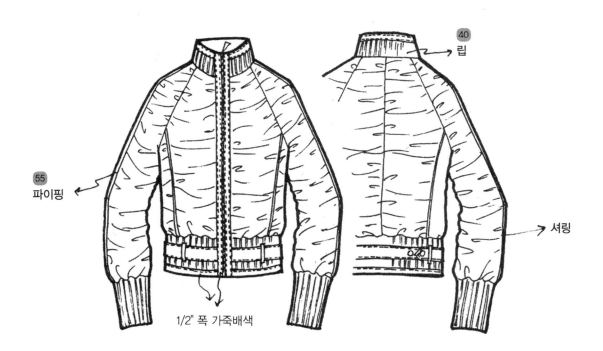

40 립

55 파이핑

셔링

1/2" 폭 가죽배색

더블 립(double rib)

38
자수와펜

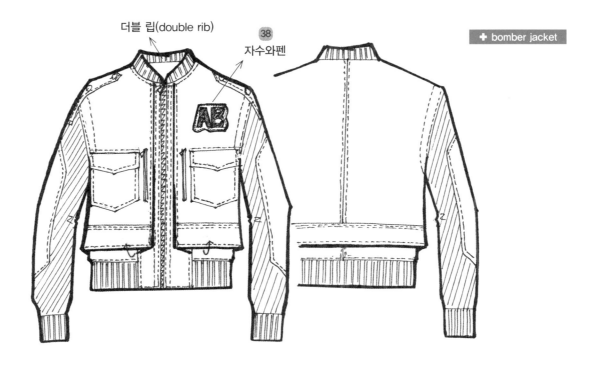

저지(jersey) 패딩

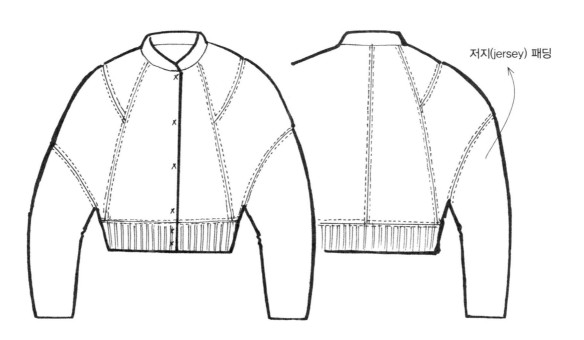

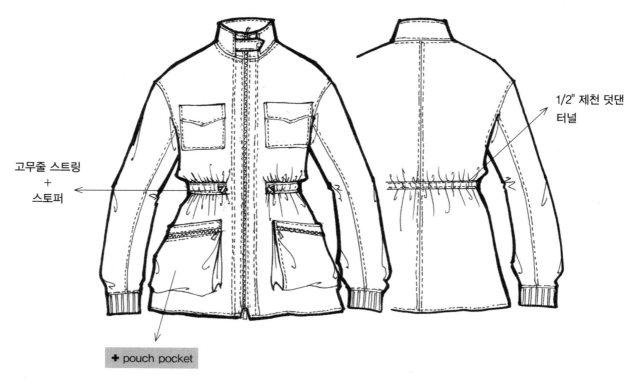

고무줄 스트링
+
스토퍼

1/2" 제천 덧댄
터널

+ pouch pocket

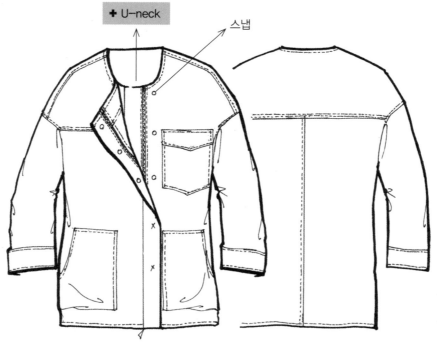

+ U-neck

스냅

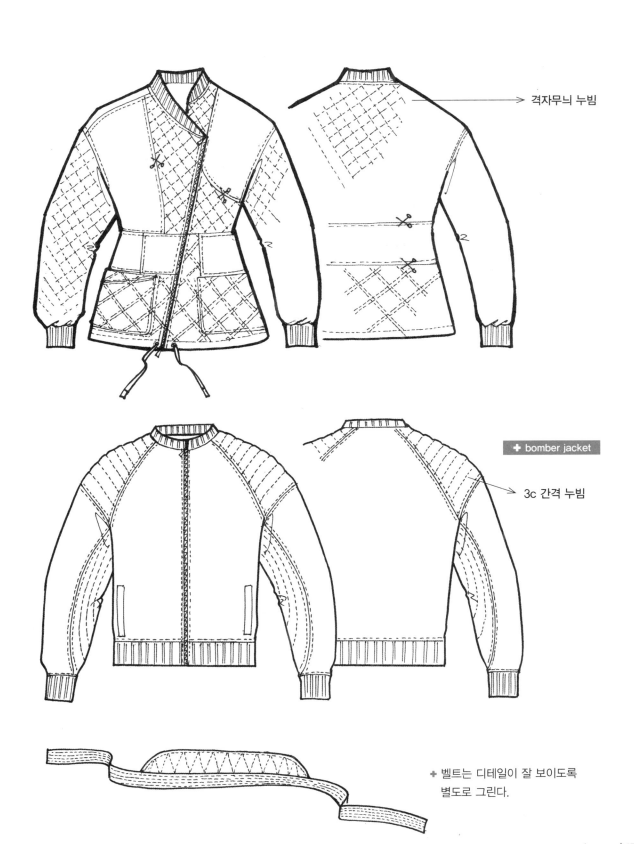

격자무늬 누빔

+ bomber jacket

3c 간격 누빔

+ 벨트는 디테일이 잘 보이도록
별도로 그린다.

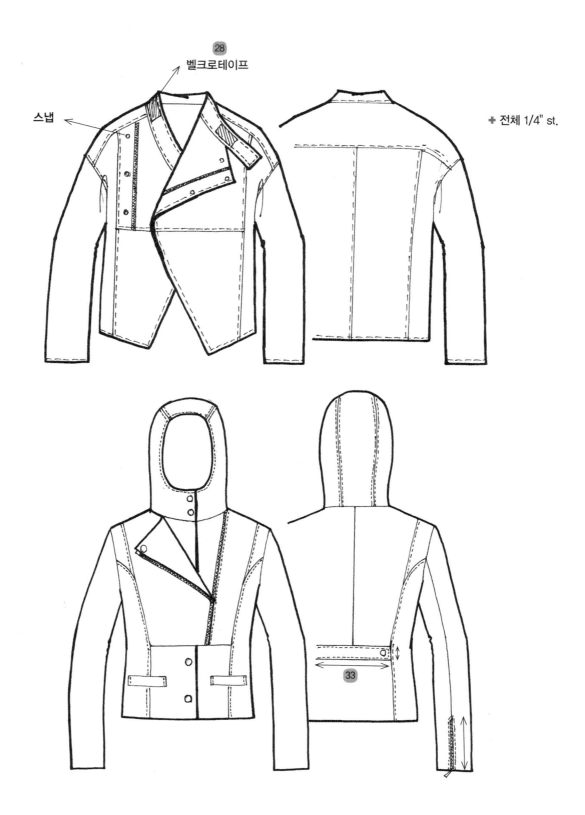

벨크로테이프

스냅

28

✚ 전체 1/4" st.

33

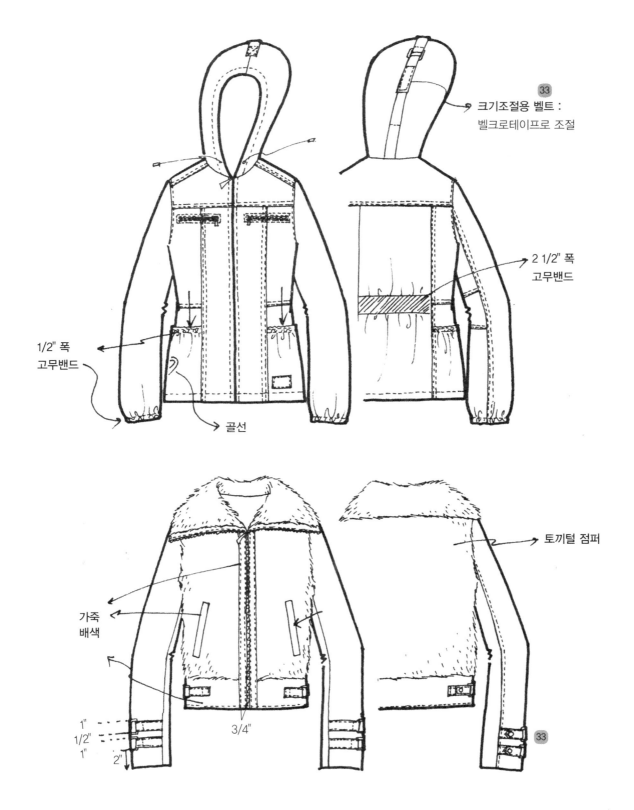

크기조절용 벨트 :
벨크로테이프로 조절

2 1/2" 폭
고무밴드

1/2" 폭
고무밴드

골선

토끼털 점퍼

가죽
배색

1"
1/2"
1"
2"

3/4"

+ parka

+ 1/4" 폭 더블 st.

+ 탈부착 모자
(detachable hood)

라쿤(racoon)
퍼 트리밍
(fur trimming)   지퍼

폭스(fox)
퍼 트리밍(fur trimming)

끝 st.(1/16" st.)

37
포인트 라벨(p/label)
사면봉제

속스냅

고무밴드

2"

1 1/2"

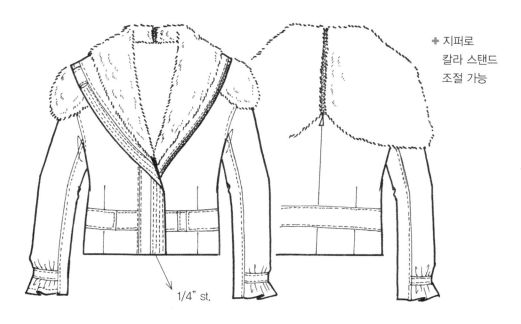

✚ 지퍼로
칼라 스탠드
조절 가능

1/4" st.

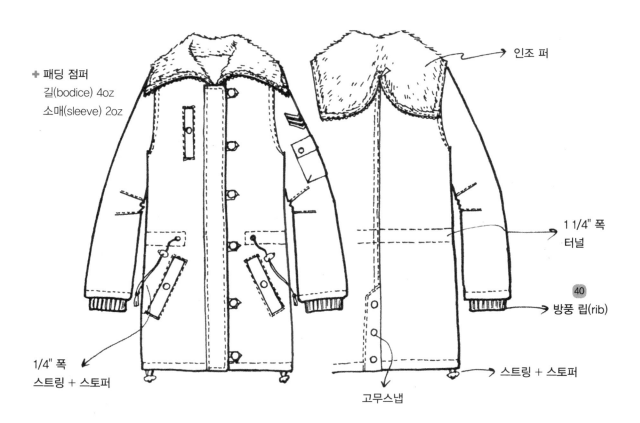

✚ 패딩 점퍼
길(bodice) 4oz
소매(sleeve) 2oz

인조 퍼

1 1/4" 폭
터널

40

방풍 립(rib)

1/4" 폭
스트링 + 스토퍼

고무스냅

스트링 + 스토퍼

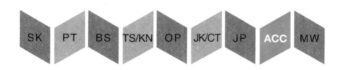

브랜드에 따라 신발, 가방, 지갑, 벨트, 모자, 장갑, 양말, 목걸이, 팔찌 등 다양한 액세서리 아이템을 다루며, 수영복, 머플러 등 계절 아이템도 액세서리로 구분한다.
액세서리는 디테일이 최대한 많이 보이는 방향에서 자세히 그린다.

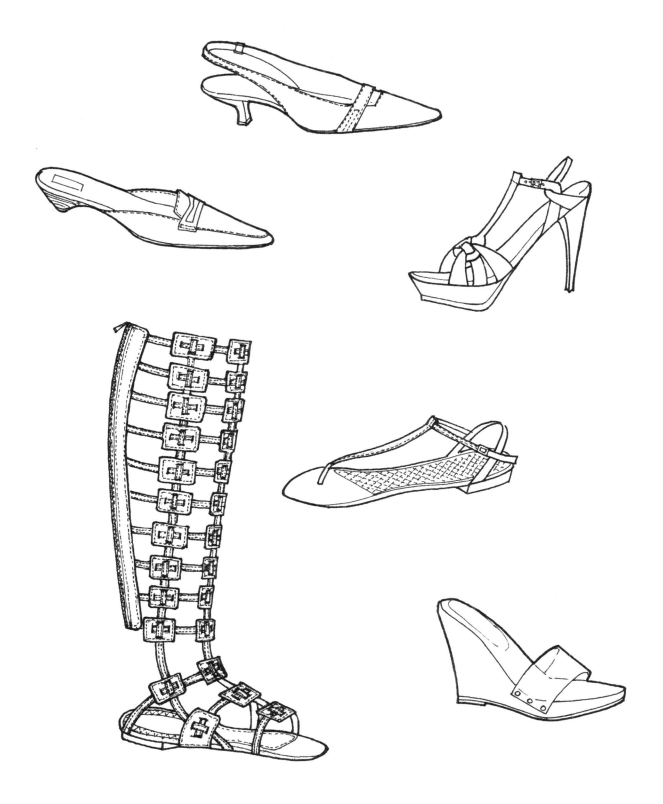

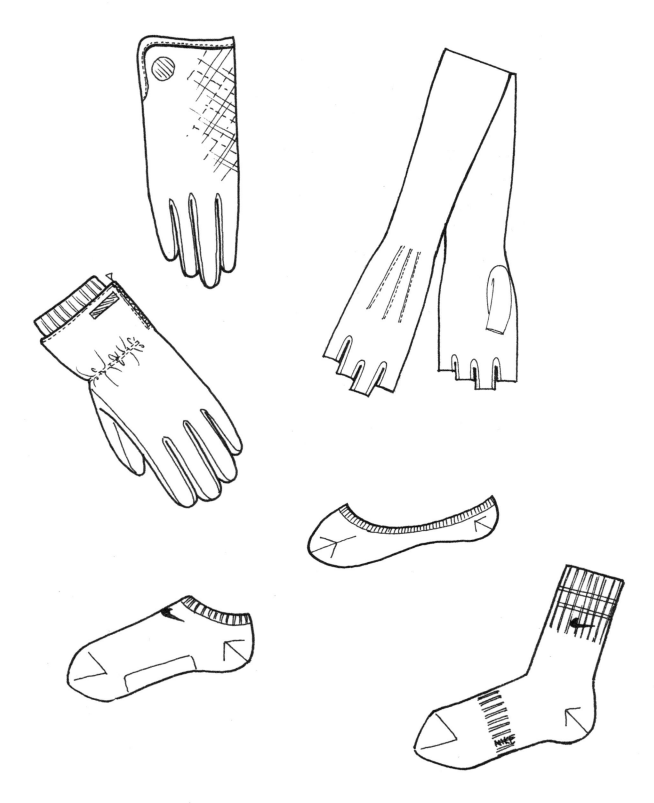

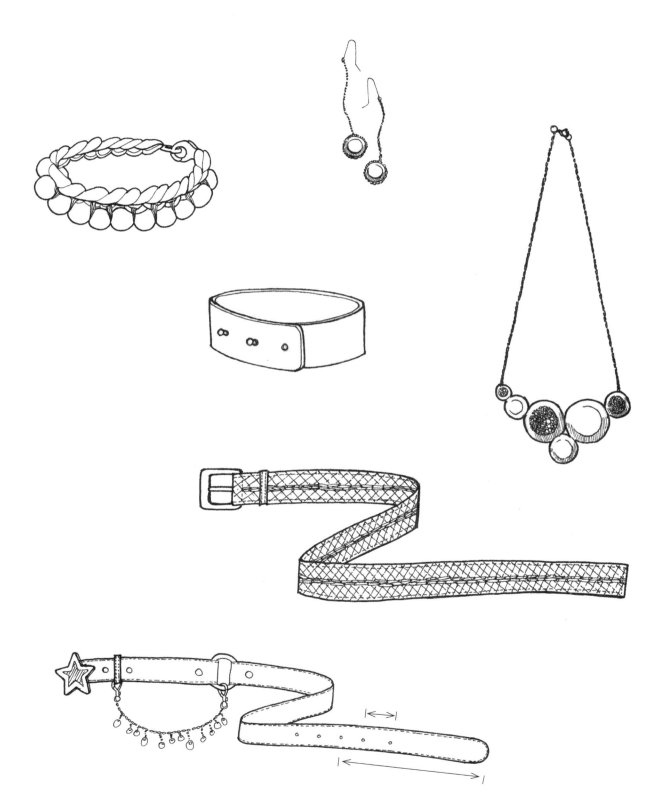

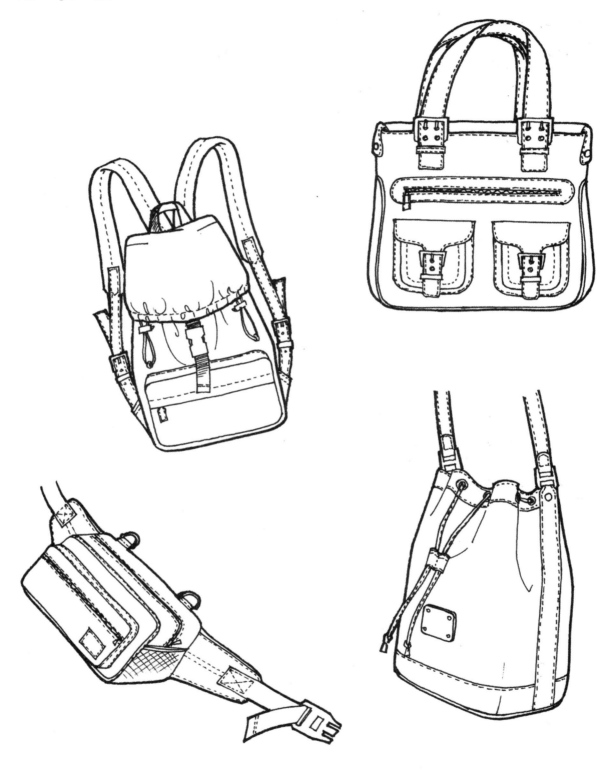

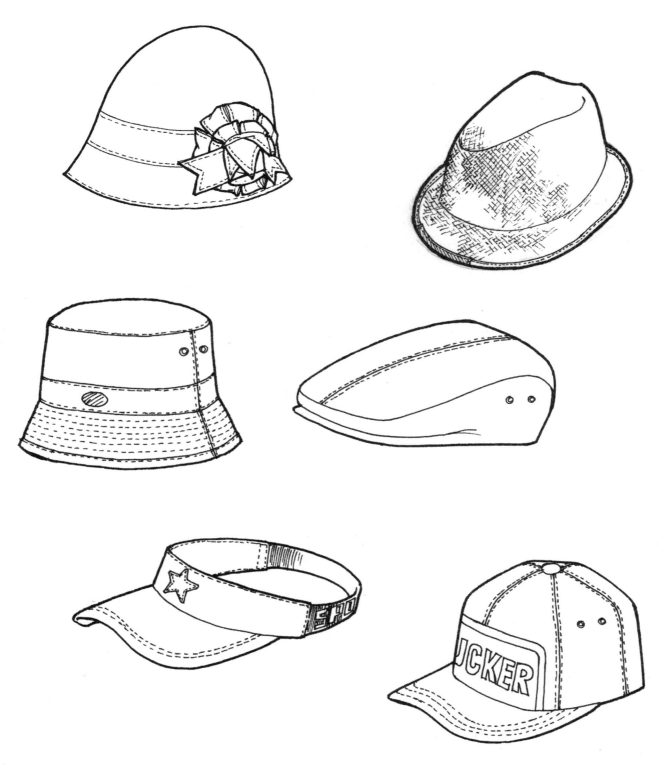

수영복 Swimsuit

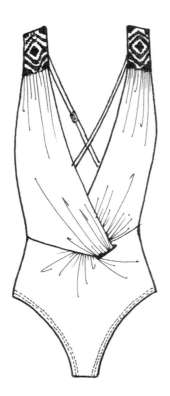

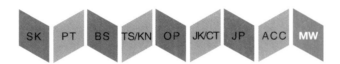

남성복은 옷의 기준크기와 여밈 방향만 주의하면 여성복 표현방식과 동일하다. 상의의 경우, 소매를 살짝 구부린 모습으로 그리는데 브랜드에 따라 그 각도는 다양하다. 또한 옷의 내부설명을 위해 내부모양을 따로 그려주기도 한다.

재킷 jacket

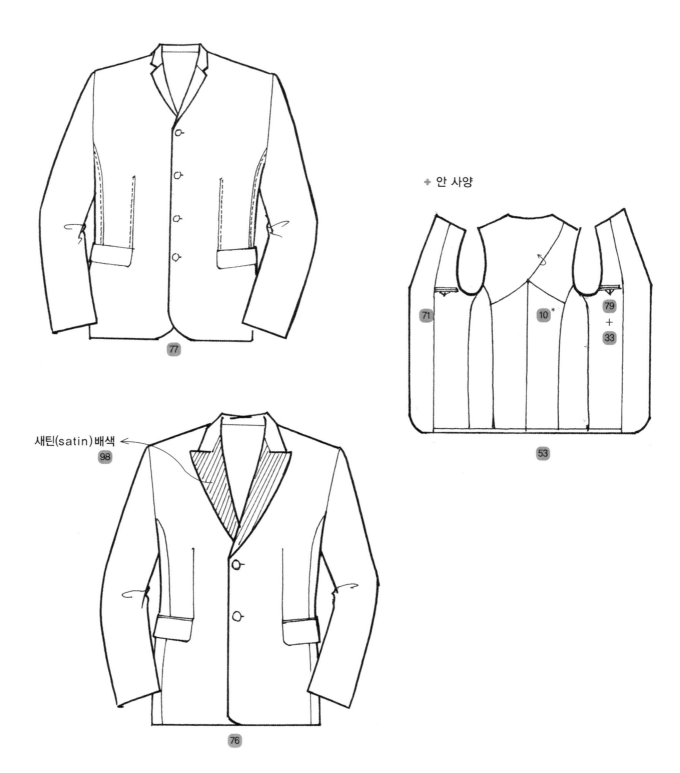

+ 안 사양

새틴(satin) 배색
98

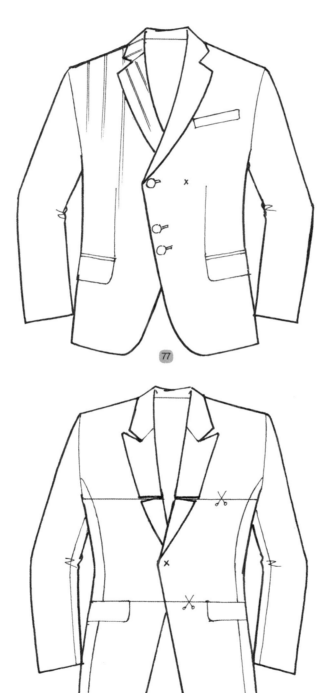

77

77

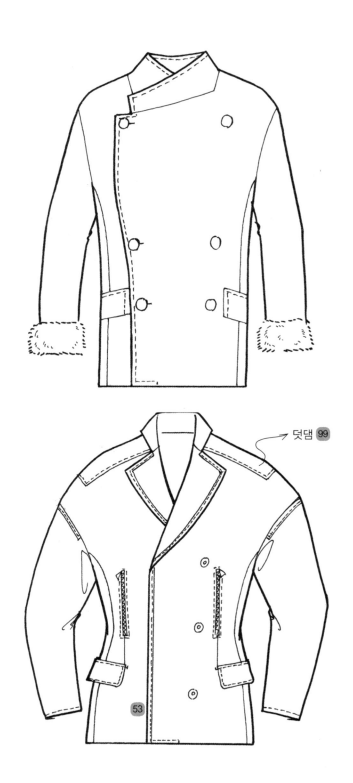

덧댐 99

53

안단선에
배색 shawl collar 패널 연결

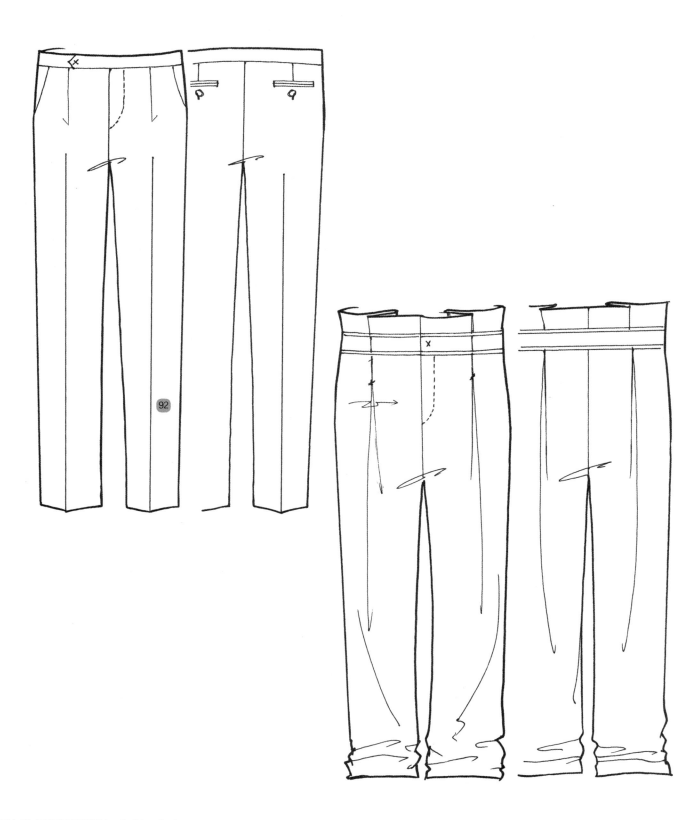

92

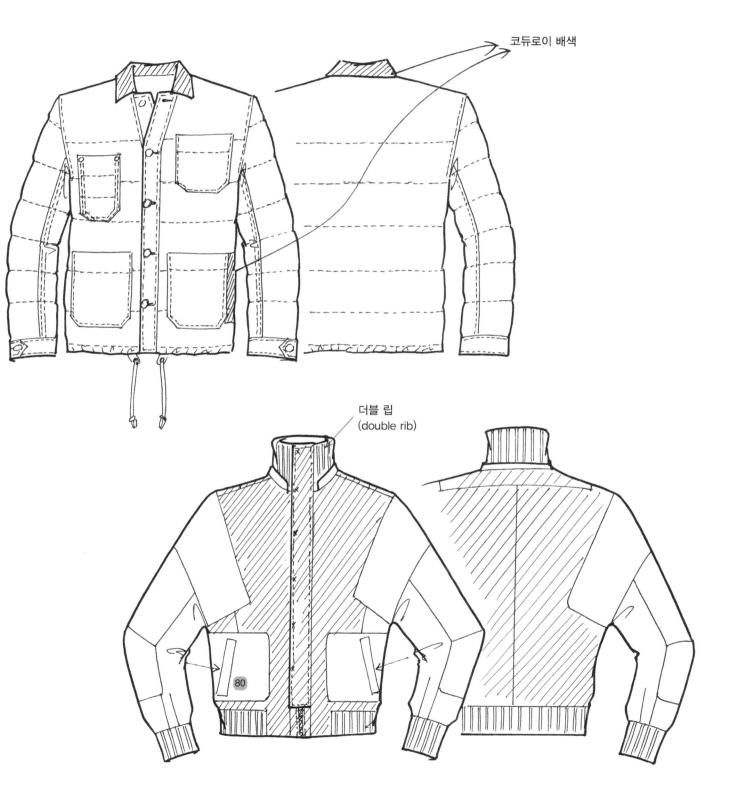

코듀로이 배색

더블 립
(double rib)

80

실무용어

본 장은 디자이너로 입사하여 자신의 디자인으로 작업지시서를 작성할 즈음이면 알아야 하는 수준의 실무용어들로 구성되었다.

디자인 업무흐름에 따른 용어를 비롯하여 원단, 부자재/부속, 봉제, 마름질/봉제/마무리, 디테일 등과 관련한 용어들을 실무에서 통용되는 의미 위주로 정리하였으며, 옷을 다루며 소통할 때 많이 사용하는 용어를 그림과 함께 모아 보았다.

봉제용어나 옷의 부속/디테일과 관련된 용어는 일본어 혹은 일본식 영어표현이 많아 글로벌 환경과 맞지 않는 측면이 있지만, 아직까지는 모르면 불편하기에 익혀두길 바란다.

☐ 보다 쉬운 이해를 위해 아이템별 예시 그림에 해당 용어를 번호로 표시하였고, 용어 설명에서는 처음으로 나오는 예시 그림의 쪽수를 표시하였다.

디자인 업무흐름에 따른 용어	원단 관련 용어	부자재/부속 용어

디자인 업무흐름에 따른 용어

1 **견본**sample**작업지시서** p.190
품평을 위한 디자인과 소재가 결정되면, 디자이너는 견본작업지시서를 만든다.
이 지시서를 보고, 모델리스트가 디자이너와 의논하여 패턴을 만든다.

2 **가봉** p.190 3 **직봉**
견본작업지시서의 견본은 샘플봉제사가 가봉하거나 직봉(가봉을 거치지 않고 봉제)한다.
가봉된 샘플은 디자이너의 보정단계를 거쳐 다시 모델리스트에게 전달된다.

4 **다찌**
가봉 후 모델리스트는 수정패턴을 만들고, 그 패턴에 따라 샘플봉제사는 가봉샘플을 수정하여 재단한다. 가봉샘플을 해체하여 수정하는 과정을 다찌라고 한다.

5 **품평회**
가봉 후 완성된 견본들로 영업부, 샵마스터들이 참석하는 사내품평회를 한다.

6 **메인**main**보정**
품평회를 거쳐 생산이 결정된 스타일의 재보정을 한다.

7 **작업지시서(메인작업지시서, 생산의뢰서)** p.191
메인보정이 끝난 스타일의 작업지시서를 디자이너가 만든다.
작업지시서에는 기준사이즈의 스펙spec, 아소트assort(색상별, 사이즈별 수량), 부자재 등을 자세히 작성한다.

8 **Q.C** p.201
메인원단이 입고된 후 생산공장에서 Quality Control을 위해 한 벌을 제작, 디자이너의 확인을 받는다. 디자이너는 마지막으로 보정할 부분을 살펴보고, 작업지시서에 보정 후의 사이즈별 완성 스펙을 작성하여 그레이딩 작업을 할 수 있도록 해 준다. 이때, 보정 부분이 많을 경우 재QC 작업을 하기도 한다. QC는 회사

원단 관련 용어

에 따라 어프루벌approval로 통용되기도 한다.

9 **오무데** p.205
원단의 표면

10 **우라**
원단의 이면
10 * 우라는 안감lining의 의미로도 사용된다 p.174

11 **다대** p.111
직물의 경사 방향lengthgrain

12 **요꼬** p.111
직물의 위사 방향crossgrain

13 **데끼** p.89
시접이 없는 상태. 시접 없이 단을 잘라내어 올이 드러나게 하는 재단을 '데끼재단,' 시접 없는 종이패턴을 가리켜 '데끼패턴'이라 한다.

부자재/부속 용어

14 **자개**pearl **단추**
주로 11ø, 13ø 크기로 블라우스에 사용한다. 뒷면을 보면 매끈한 인조와는 달리 깨진 듯 거친 표면이 있다.

15 **뿔(혼**horn**) 단추**
재킷이나 코트에 사용한다. 결이 자연스럽고, 선염을 하여 변색이 되지 않는 고급단추이다.

16 **인조(폴리**poly**) 단추** p.205
모든 아이템에 사용한다. 요즘에는 기술발달로 거의 천연소재에 가깝게 만들기도 한다.

17 **토글**toggle p.139
더플코트에 주로 사용하는 막대단추로, 뿔 혹은 인조로 만든다.

18 **싸개단추** p.82
제원단이나 배색원단으로 싸서 만든 단추

19 **싸개스냅** p.141
T/C 원단으로 싸서 만든 스냅으로, 원단색에 매칭하여 사용

20 **콩단추** p.69
콩모양으로 동그랗고 볼록한 입체적인 단추

21 **구멍(2구멍/4구멍) 단추**
구멍 수는 단추의 디자인과 관계된다.

22 **켄톤(니켈/흑니켈)** p.21
데님이나 캐주얼 소재의 바지나 점퍼류에 단추 혹은 스냅으로 사용된다.

23 **리벳**rivet **(징, 아일렛**eyelet**)** p.21
주로 켄톤과 함께 쓰이는 작은 장식이다. 주머니나 두꺼운 솔기선에 주로 쓰인다. 아일렛은 원형 장식의 내부가 뚫린 스타일을 칭한다.

24 **디링**D-ring p.50

알파벳 대문자 디(D) 모양의 금속부자재로, 벨트류에 쓰인다.

25 버클(깡) p.51
벨트의 여밈장식

26 마이깡 p.191 **27** 걸고리 p.17
허리밴드에 쓰이는 큰 훅을 마이깡이라고 하고, 콘실지퍼의 보조로 쓰이는 작은 훅을 걸고리라고 부른다. 총칭은 훅앤아이 hook & eye

28 벨크로테이프velcro tape p.153
캐주얼 아이템의 경우 여밈을 벨크로테이프로 하기도 한다.

29 양면지퍼 **30** 콘실지퍼 p.17
일반지퍼를 양면지퍼라고 하며, 봉제 후 보이지 않는invisible 지퍼를 콘실conceal 혹은 혼솔 지퍼라고 한다.

31 비슬론지퍼 p.20 **32** 니켈지퍼 p.48
보통 지퍼의 이teeth는 나일론인데, 점퍼류에 비슬론이나 니켈이 쓰이기도 한다. 캐주얼 바지에도 니켈지퍼가 주로 쓰인다.

33 비조 p.21
옷에 장식이나 크기 조절용으로 붙어 있는 작은 벨트를 칭하는 경우가 가장 많고, 벨트의 버클을 비조라고도 한다.

34 가당, 지누이도, 아나이도, 30's/3, 30's/6
합봉에 쓰이는 봉사를 가당사라고 하고, 스티치사(상침사)로 쓰이는 일반 견봉사를 지누이도, 더 두꺼운 견봉사를 아나이도라고 한다. 30수 3합, 30수 6합 등은 면소재의 캐주얼 아이템에 주로 쓰이는 스티치사이다.

35 메인main라벨 p.191
브랜드의 BI가 직조 혹은 프린트되어 있는 상표라벨이다. 사면봉제용/이면봉제용/끼워박기용 등으로 개발된다.

36 품질표시라벨(케어care라벨) p.191
옷의 고유번호, 원단의 혼용율, 사이즈, 세탁 방법 등이 기재된 라벨

37 장식라벨(포인트point라벨, 꼬마라벨) p.78
옷의 외부에 장식으로 달리는 라벨이다. 사면봉제용, 끼워박기용 등으로 개발되며, 자수, 프린트, 실리콘 등 소재도 다양하다.

38 와펜 p.51
장식라벨과 같은 용도로 쓰이는데, 주로 두께감 있는 형태로 만들어져 옷에 대고 둘레를 봉제하여 부착한다. 자수와펜이 가장 많이 쓰이나, 실리콘 등 여러 소재로도 개발된다.

39 요꼬(요꼬에리) p.79
폴로 티셔츠의 칼라에 쓰이는 조직이다. 사이즈에 맞게 니팅knitting하여 만든다.

40 시보리rib p.52
캐주얼 의류의 밑단이나 목둘레, 소매 밑단에 쓰이는 니팅knitting 조직이다. 길게 짜서 필요치수만큼 사용하기 때문에 봉제선이 있다. 싱글 혹은 더블로 사용된다.

특종기계를 사용하는 봉제

41 오바록, 니혼오바
오바록은 시접의 올풀림을 방지하는 봉제기계. 니혼오바는 오바록에 바늘이 하나 더 달린 특종기계로, cut & sew 원단의 합봉과 시접 처리를 동시에 해결해 준다.

42 인터록 p.27
얇은 원단의 단처리에 사용한다. 오바록과 비슷한 모양

43 삼봉 p.52 **44** 가에루빠 p.53
삼봉기계를 사용
삼봉은 cut & sew 원단의 단처리에 쓰이며, 안쪽에는 지그재그 스티치가, 겉쪽에는 1줄/2줄/3줄 스티치가 나타나 일봉/이봉/삼봉으로 나눠지는데, 일반적으로 다 삼봉이라고 부른다. 1/4" 혹은 1/8" 간격의 2줄 스티치가 가장 많이 쓰이고, 특히 1/8" 간격의 삼봉을 '좁은 삼봉'이라고도 한다.
가에루빠는 cut & sew의 솔기선에 지그재그 스티치가 겉으로 보이게 박는 장식 스티치

45 니혼바리 p.50
두줄박기로 두꺼운 캐주얼바지에 사용

46 큐큐 p.127
재킷이나 코트에 사용되는 앞쪽이 둥글게 파여진 단춧구멍

47 나나(인찌) p.46
블라우스에 주로 사용되는 일자형 단춧구멍

48 간도매/바텍 p.35
여러 번 박아 튼튼하게 하는 디테일이다. 캐주얼 의복에 장식용으로도 사용된다.

49 하도메(실아일렛) p.138

원단에 구멍을 내고 그 주위를 원형으로 실을 엮어가면서 박는 방법이다. 원단 벨트의 구멍이나 모자cap의 장식 구멍 등에 쓰인다.

50 호시
겨울용 재킷이나 코트에 사용되는 간격이 넓은 상침 스티치이다. 겉으로 보이는 실이 짧아서 의복에 부피감이 생긴다.

51 스쿠이
공그르기로 단처리를 하는 밑단에 사용

본봉기계(일반재봉틀)를 사용하는 봉제

52 미쓰마끼 p.26
얇은 소재의 블라우스나 스커트 밑단 처리에 사용한다. 천이 말리면서 봉제되는 별도의 노루발을 사용한다.

53 해리 p.21 54 납바 p.79
스커트 허리, 밑단, 목둘레, 암홀 등 가장자리에 사용한다. 별도의 원단으로 가장자리를 감싸는 디테일로 말리면서 봉제되는 납바노루발을 사용하는데, 양쪽으로 말리게 하는 것과 한쪽만 말리게 하는 것 등 여러 가지가 있다. 원래 납바 노루발을 이용한 이 디테일의 용어는 해리인데, 실무에서는 바이어스의 우븐으로 처리하는 경우를 해리, 결 방향에 관계없이 cut & sew에 처리한 경우를 납바라고 한다.

55 하미다시piping p.20
바이어스 원단을 끼워 물려서 박는 디테일이다. 바이어스 안에 줄을 넣기도 한다.

니트봉제

56 헤라시 p.88
니트의 암홀이나 목둘레 등의 곡선 부분에 주로 쓰이는, 코를 줄여가며 형태를 만드는 스티치

57 사시 p.77
니트의 목둘레, 암홀 등에 립단을 연결할 때 사용하는 스티치

58 시루시notch
원단에 가윗밥이나 초크로 합봉할 때 맞닿을 부분을 표시

59 조시
땀수 조절 등의 바느질 상태

60 이새
소매산, 프린세스 라인의 가슴 부분, 두장소매의 팔꿈치 부분 등 입체감이 필요한 부위는 여유분ease를 주어 한 쪽 원단을 당겨가면서 봉제한다. 이 여유분을 이새라고 한다.

61 고로시
봉제가 끝난 옷이 마도메로 넘어가기 전에, 시접이나 실밥 등을 정리

62 마도메
봉제가 끝난 옷에 하는 패드달기, 단추달기, 밑단처리, 속도메 등의 손작업 과정

63 시야게
봉제가 끝난 옷의 형태를 다림질로 바르게 잡아주는 과정

64 노바시
다림질을 이용하여 늘려서 형태를 원하는 대로 수정

상의관련

65 우아(우아마이)upper front p.107
상의의 겉자락(단춧구멍이 있는 옷자락)

66 시다(시다마이)under lap p.107
상의의 안자락(단추가 달리는 옷자락)

67 에리 p.186
칼라collar

68 지에리 p.131
재킷, 코트의 밑칼라under collar. 주로 바이어스로 재단한다.

69 반달밴드 p.61
앞중심까지 달리지 않고 옆목에서 끊기는 목밴드로 반달모양으로 생겨서 붙여진 이름이다.

70 에리고시 p.60
뒷칼라의 높이collar stand, 같은 재킷에서 에리고시가 낮아질수록 라펠이 길어지고 첫 단추의 위치가 내려간다.

71 미까시 p.51
안단facing

72 배 p.123
라펠 폭의 볼록하게 나온 부분이다. 라펠의 모양을 결정할 때 사용되는 용어이다.

73 와끼 p.41
옆선side seam

74 사이바 p.102 75 통사이바 p.143
프린세스 패널side panel을 사이바라고 한다. 통사이바는 앞, 뒤의 사이바가 한 장으로 연결된 경우

76 쪽마루 p.123 77 마루 p.123

상의의 앞자락 모서리나 칼라, 주머니 플랩 등을 각지지 않게 살짝 굴리는 것을 쪽마루, 둥글게 굴리는 것을 마루라고 한다.

78 후다 p.131
뚜껑주머니flap pocket의 flap

79 구찌 p.100
주머니, 소매부리 등 트임의 입구

80 학꼬 p.39
싱글 웰트 주머니single welt pocket의 welt

81 가자리 p.102
실제로 쓰이는 것이 아니라, 장식의 목적으로 가짜로 만드는 것

82 단작 p.59
블라우스의 앞중심에 있는 플라켓placket

83 히요꼬(히요꼬단작) p.64
속단추용 플라켓

84 낸단분 p.43
extension, center front나 center back에서 여밈을 위해 연장된 분량

85 견보루 p.60
블라우스의 소매트임용 플라켓

86 실쿠사리 p.81
재킷이나 코트의 옆선에 만드는 실벨트고리. 걸고리의 eye로도 쓰인다.

87 후라쉬 p.138
덧댐 부분이나 겹침 부분이 옷에 완전히 부착 되지 않고 자락이 있는 경우를 가리키는 용어

하의 관련

88 오비 p.20 **89 무오비** p.26
스커트나 팬츠의 허리밴드를 오비라고 하고, 오비가 없는 스타일을 무오비라고 한다.

90 뎅고 p.35
원래 스커트나 팬츠 앞중심의 지퍼여밈 안에 대는 덧단이 뎅고인데, 보통 덧단이 없어도 지퍼여밈의 스티치 부분을 뎅고라고 한다.

91 무까데
바지의 옆주머니에 대는 안단

92 레지끼 p.40
바지의 중심선에 잡은 주름

93 카브라 p.40
바지 밑단의 커프스cuffs

94 비리
옷이 체형에 맞지 않아 주름지는 경우

95 찐빠
대칭이 되어야 할 부분이 틀린 경우이다. 봉제 에서 틀린 경우 외에도 다림질로 바로 잡을 수 있는 경우도 있다.

96 홀분량fullness p.47
플레어나 주름의 넉넉한 정도

97 컬러매칭 **98 배색** p.20
부자재나 장식요소들의 색상을 원단의 색에 맞 추는 경우를 컬러매칭color matching, 원단과 다 른 색으로 하는 경우를 배색이라고 한다.

99 덧댐, 따냄 p.48
요크 등의 디자인 디테일을 bodice 위에 덧대는 방식과 별도의 패널로 구성하는 방식을 구분하 여 '덧댐'과 '따냄'으로 표현한다.

100 ea/pc(s)/set(s) p.125
디테일이나 부자재의 개수를 나타낼 때 사용되 는 단위

※ 치수 표기 : ″ / cm / mm

우리나라 도량형이 미터법으로 통일되었지만 실무에서는 여전히 미터와 인치를 함께 사용 한다. cm는 'c'로 줄여서 쓰기도 하며, 단 추의 지름은 mm 대신 ø로 표현하기도 한다.

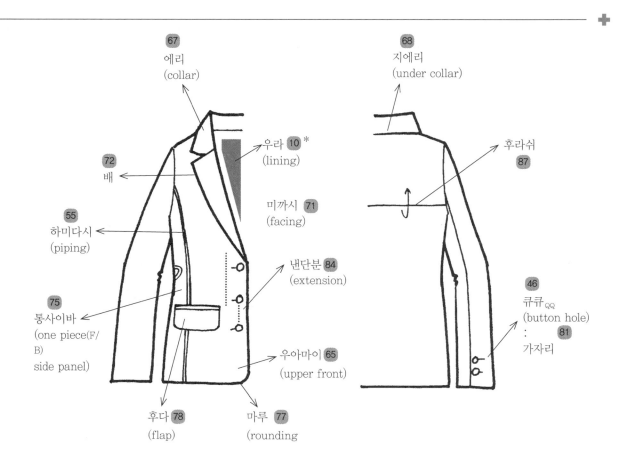

67 에리
(collar)

68 지에리
(under collar)

72 배
우라 10 *
(lining)

미까시 71
(facing)

후라쉬 87

55 하미다시
(piping)

낸단분 84
(extension)

46 큐큐 QQ
(button hole)
∶
81 가자리

75 통사이바
(one piece(F/
B)
side panel)

우아마이 65
(upper front)

후다 78
(flap)

마루 77
(rounding

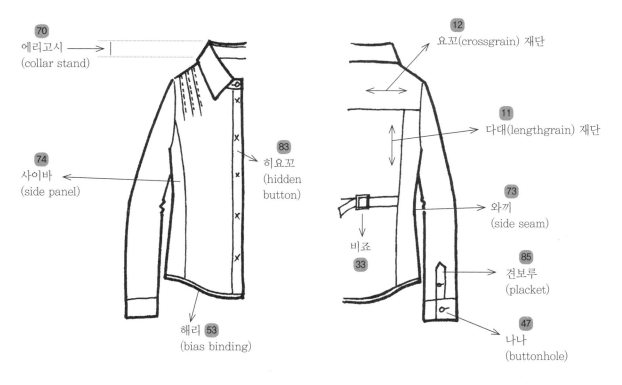

70 에리고시
(collar stand)

12 요꼬(crossgrain) 재단

11 다대(lengthgrain) 재단

74 사이바
(side panel)

83 히요꼬
(hidden
button)

73 와끼
(side seam)

85 견보루
(placket)

비죠
33

해리 53
(bias binding)

47 나나
(buttonhole)

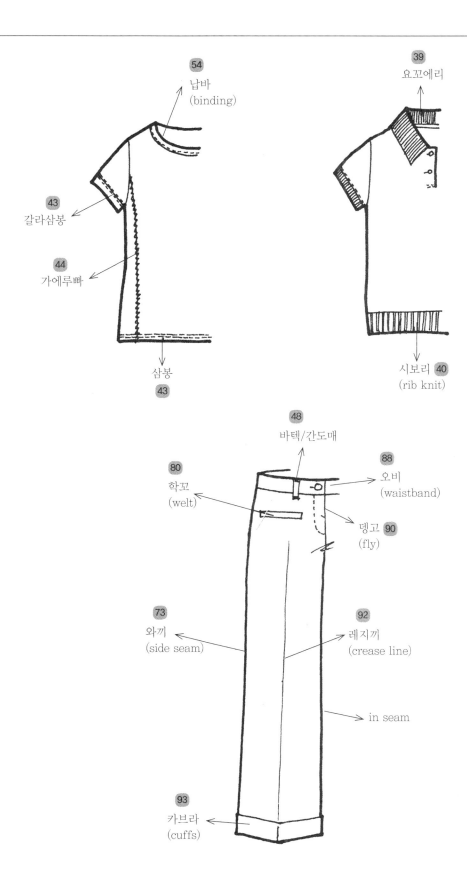

54
납바
(binding)

39
요꼬에리

43
갈라삼봉

44
가에루빠

삼봉
43

시보리 40
(rib knit)

48
바텍/간도매

80
학꼬
(welt)

88
오비
(waistband)

뎅고 90
(fly)

73
와끼
(side seam)

92
레지끼
(crease line)

in seam

93
카브라
(cuffs)

작업지시서

본 장에서는 실무에서 작성되는 샘플 혹은 생산의뢰서(메인작업지시서)를 아이템별로 모아 보았다.

견본작업지시서는 품평회용 샘플제작을 위해 디자이너가 작성하는 것으로, 여기에는 도식화와 디자인의 상세사항 및 치수를 기입한다. 이때, 부분별 자세한 치수감각은 디자이너보다 모델리스트가 더 강하므로 견본작업지시서에는 대략적인 치수만을 작성한다. 참고사진이 있으면 붙이고, 샘플에 필요한 원단과 부자재를 준비해서 준다.

생산의뢰서는 생산이 결정된 스타일을 작업처에 의뢰하기 위해 만드는 것으로 디자이너는 도식화와 부자재, 옷의 치수 등을 작성하고, MD는 컬러 및 사이즈별 생산량을, 모델리스트는 요척 등을 작성한다. 옷의 치수는 생산의뢰서 최초기입 시 샘플의 부위별 치수만 작성하며 사이즈별, 부위별 최종치수는 QC단계에서 결정하여 기입한다.

SAMPLE 작 업 지 시 서 ①

ITEM	O/ NO	소 재	색 상	의뢰일	디자이너
SKIRT	KKM 0801	매우) 반단#	White	8/22	

Design

실쿠사리

흙속zipper +걸고리

81 33
가자리 버쇼

15Φ
satin
싸개단추
18

Satin 배색

1/4"

15Φ
satin
싸개단추

24"

SIZE (5두)	
기장	24"
어깨너비	
가슴둘레	
소매기장	
목둘레	
목깊이	
진동둘레	
허리둘레	
엉덩이둘레	
밑위길이F	
밑위길이B	
밑단둘레	

부 자 재	
안감	✕
단추	15Φ 2ea
걸고리	1set
지퍼	흙속zipper 9"
P/LABEL	✕
프린트(자수)	✕

SWATCH
AD 입고일 : 8/24

② 가별)

① 앞 허리 더 내린것 (8폭 만큼)

② 주름분량 ⊕ : 사건참조

생 산 의 뢰 서 ⑦

결	디자이너	MD	실 장
재			

작성일 :

STYLE NO	D 1 3 C K S 5 5 0			
출고순	Fall 1차

결	담 당	과 장	부서장	감 사
재				

상세도

〈뒤오뼈 안쪽중심〉 → 제원단 마무까지 " ⑦⑦ ⑤③

→ 따재감해라. ⑦⑦

메인 라벨 ③⑤ 케어라벨 ③⑥

15m/m Tape.

포켓 라벨 ③⑦

마이깡. ㉖

18Φ 꼬무스냅.

1" St.

〈뒤포켓〉 ← 3¾"

봉제시 유의사항

＊ 봉제 후 L막 washing "

생 산 처	생산구분	패턴제작	Q	C	MAIN	제조원가
GL.	완사입 ✓	제작일	투입	부입		
	CMT	CAD	납기	납기		판매가
	임가공	이관일	완료	완료		

색 상		Indigo	Red.		
스 와 치					
생	64-160〈55〉	120	115		
산	70-165〈66〉	80.	75		
량		250y	250y		
합 계		200	190.		390 pcs.

	원 단 명	폭	요척	입고일	발주 No.	공급처	색 상	혼용율	비 고
원	넙데님	44	1.5					C: 50%, P: 47%,	
단								SP: 3%	
배 색									

· 부자재란 ·

부자재명	규격/폭	요척	소요량	비 고
포켓감 (T/C)			off white	
마이깡	小		1 set	독색
지퍼	#4			니켈
웨빙	15m/m			
스냅			2 ea	DM04
볼사	30%/6			Beige

· 완성치수 ·

부위	호칭	64	67	70	73
허리		29½		31½	
Hip		36½		38½	
밑단		45¾		47¼	
기 장		28		28½	
허벅지					
앞밑위					
뒷밑위					
뎅고		5½		—	

구 분		비 고
MAIN LABEL	1 ea	DL02
장식 LABEL	1 ea	DL08
완성자재	⟨BOX⟩ / 행거	

	자 수	Print	기 타
LOGO			

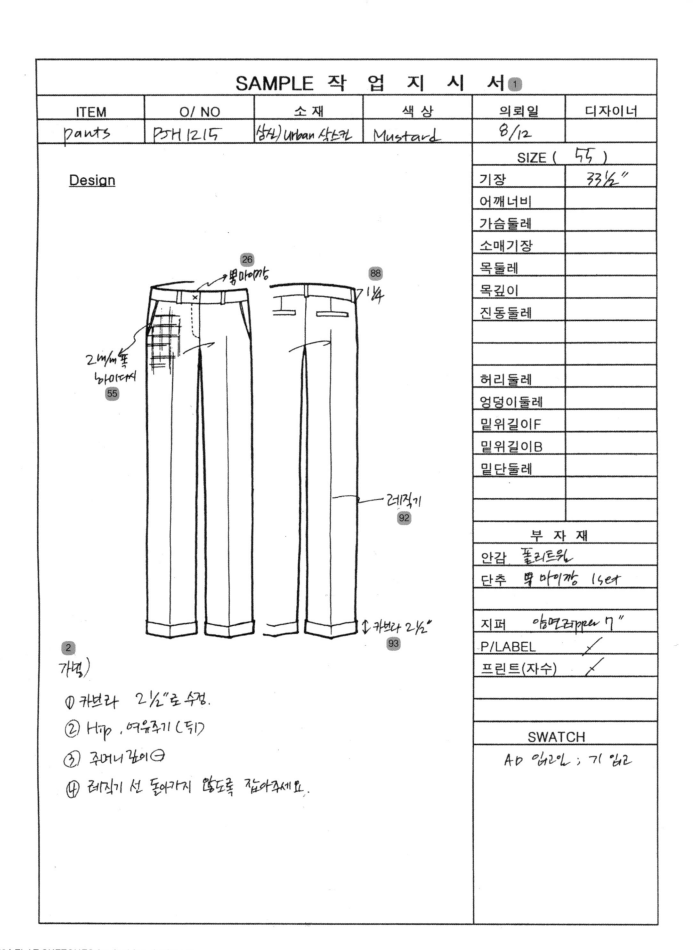

SAMPLE 작 업 지 시 서 ①

ITEM	O/ NO	소 재	색 상	의뢰일	디자이너
pants	PJH 1215	(상치) urban 삼소컬	Mustard	8/12	

Design

SIZE (55)	
기장	33½"
어깨너비	
가슴둘레	
소매기장	
목둘레	
목깊이	
진동둘레	
허리둘레	
엉덩이둘레	
밑위길이F	
밑위길이B	
밑단둘레	

부 자 재	
안감	폴리트윌
단추	뿔마이깡 1set
지퍼	양면zipper 7"
P/LABEL	/
프린트(자수)	/

SWATCH
AD 입고 : 기 입고

26 → 뿔마이깡

2m/m폭
바이다서
55

88
기바

레직기
92

↕ 카브라 2½"
93

② 가명)

① 카브라 2½"로 수정.

② Hip , 여유주기 (뒤)

③ 주머니 깊이 ⊖

④ 레직기 선 돌아가지 않도록 잡아주세요.

생 산 의 뢰 서 ⑦

결 재	디자이너	MD	실 장

작성일 :

| STYLE NO | D 1 3 C P T 5 2 0 | | | | |

출고순 : Fall 1차

결 재	담 당	과 장	부서장	감 사

상세도

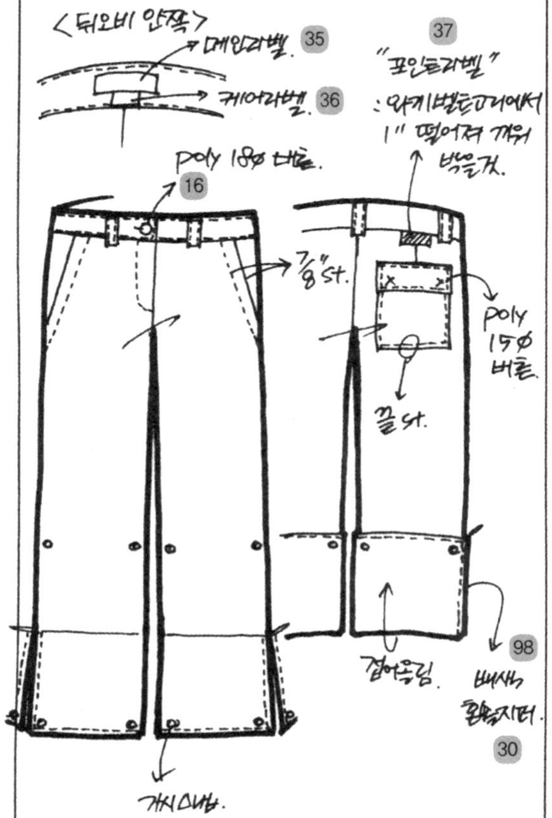

〈뒤오비 안쪽〉
→ 메인라벨 ㉟
→ 케어라벨 ㊱

"포인트라벨" ㊲
: 왼쪽밴드끝에서
1" 떨어져 끼워
박을것.

POLY 18∅ 버튼. ⑯

⅞" St.

POLY 15∅ 버튼

끝 St.

접어올림. 빠싱
로울옵지퍼. ㉚ �98

게싱 이바.

생산처	생산구분		패턴제작		Q C		MAIN		제조원가	
다연	완사입		제작일		투입		투입			
	CMT	✓	CAD		납기		납기		판매가	
	임가공		이관일		완료		완료			

색 상		Red	Yellow	
스와치				
생산량	64-60(55)	150	150	
	70-65(66)	110	110	
		340Y	340Y	
합 계		260	260	520

	원단명	폭	요척	입고일	발주 No.	공급처	색 상	혼용율	비 고
원단	DKNY NYC		1.3Y			명신		N/C 20s ph air mesh peach skin	
배색									

· 부자재란 ·

부자재명	규격/폭	요척	소요량	비 고
포켓(감)(T/C)				o/W4
단추	18∅		1EA	앞마에
NYLON	15∅		4EA	뒷주머
지퍼	#3		1EA	앞마에
호크재다			2EA	앞명와
가시방			4set	옆기장
봉사	30/s/3			칼라예정

✓완성치수 ·

부위 \ 호칭	64	67	70	73
허 리	29½	31½		
Hip	39¾	41¾		
밑 단	17½	18		
기 장	27	27½		
허벅지	24	25		
앞밑위	9½	9¾		
뒷밑위	15	15¼		
뎅고	5¾ (1¼폭)	—		
밸트고리	½×2	—		
앞주머	1¾×5½	—		
뒷주머	5½×6¼	—		

봉제시 유의사항

구 분		비 고
MAIN LABEL	1 EA	DL02
장식 LABEL	1 EA	DLC9 / DL08
완성자재	BOX / 행거	

	자 수	Print	기 타
LOGO			

ITEM	O/ NO	소 재	색 상	의뢰일	디자이너
Blouse	NW 2109	Tiffany 먼 (일진)	Berge	7/8	

Design

✻ 전체 끝싯.

반달버튼 ⑥⑨

피크 레이스

—11∅

다트
↑ 겹봉주 추가

겹봉주 ½×2″
⑧⑤

1¾″

레이스 끼워문장

✻ 5/8″ × 41″ 제천strong

② 거봉)

① 뒷다트 (ⅰ)→ 허리 size 3/4~1″ 줄임

② 소매구 둘레 ¼″ ⊖

③ 카라 둘레 들뜸 → pattern 확인 후 수정.

④ 소매 뒤 턱 ⊕

SIZE (55)	
기장	22″
어깨너비	14½″
가슴둘레	35″
소매기장	23¾″
목둘레	
목깊이	
진동둘레	
허리둘레	
엉덩이둘레	
밑위길이F	
밑위길이B	
밑단둘레	

부 자 재	
안감	/
단추	11∅ 8 ea
피크네이스	
지퍼	
P/LABEL	
프린트(자수)	

SWATCH
AD 입고일: main(ⅰ)

생 산 의 뢰 서 ⑦

결	디자이너	MD	실 장
재			

작성인 :

STYLE NO	D	1	3	C	S	H	5	1	0			
출 고 순												

결	담 당	과 장	부서장	감 사
재				

상세도

71 카라 밑가시 배색

98

1/16"

대체로 배색 밑가시 자수

1/4"야

1/4"야

배력

2"

2매 cuffs 밑가시배색

1/4"

1"

단작 밑가시배색

82

* 48 배력 color
밑가시 color → 통일
71

37 → Deco Label
입어서 왼쪽 어깨 A.H.
3/2" 내려와서 개입부착.
Logo가 보이게 개울것.

★ 염제 우 노말워싱

봉제시 유의사항

생 산 처	생산구분		패턴제작		Q C		MAIN		제 조 원 가	
대왕	완사입	✓	제작입		누 입		누 입			
	CMT		CAD		납 기		납 기		판 매 가	
	임가공		이관입		완 료		완 료			

색 상		Orange	Khaki	
스 와 치				
생	S	100	100	
	M	80	80	
산				
량		252Y	252Y	
합 계		180	180	360pcs

	원 단 명	폭	요 척	입고일	발주 No.	공급처	색 상	혼용율	비 고
원 단	30's 옥스포드	59"	1.4Y					C100%	
배 색	밑가시 배색								

· 부자재란 ·

부자재명	규격/폭	요척	소요량	비 고
아미단추	11∅		11+ ea	Color matchang
명사	60's/3			

· 완성치수 ·

부위 호칭	S	M	
어 깨	15½	16	
상 동	34¾	36¾	
허 리	36	38	
밑 단			
기 장	24	24½	
A. H.	8⅛	8⅝	
소 매 봉	14		
소 매 단	8¼	8¾	
소 매 상	17¼	17¾	
목 둘 레			
후드고/폭			

	구 문		비 고
MAIN LABEL		DL03	
장식 label		DL09 DL10	
완성자재		BOX / 행거	

	자 수	Print	기 타
LOGO			

ITEM	O/ NO	소 재	색 상	의뢰일	디자이너
T/Shirt	ETS 018	30's single span	Yellow	5/7	

Design

SIZE (90)	
기장	57 cm
어깨너비	36.5 cm
가슴둘레	88 cm
소매기장	60 cm
목둘레	
목깊이	
진동둘레	
허리둘레	
엉덩이둘레	
밑위길이F	
밑위길이B	
밑단둘레	

부 자 재	
안감	/
단추	11 ∅ 2 ea
지퍼	/
P/LABEL	/
프린트(자수)	print 있음

SWATCH

39

43

print

결	디자이너	MD	실 장
재			

작성일 :

STYLE NO	D 1 3 C T S 1 7 0		
출 고 순			

결	담 당	과 장	부서장	감 사
재				

상세도

누두연장: 20's 싱글

쭘낫.

누구라연에 지퍼

pocket

기/8 낫 (배색)

98

나일론 립스탑

나일론
겹 #3   2½" 2x2Rib   나일론겹 #5

40   컬라삽턱

1x1Rib

* 뒷목 누라Tape
  M/orange → navy tape으로.
  M/khaki

* Stitch color 다후 결정.

생 산 처	생산구분		패턴제작	Q		C		MAIN		제조원가	
터라연	완사입	✓	제작일	투입		부입					
	CMT		CAD	납기		납기			판 매 가		
	임가공		이관일	완료		완료					

색 상		M/orange	M/khaki	
스 와 치				
생 산 량	S	40	60	
	M	60	90	
합 계		100	150	

	원단명	폭	요척	입고일	발주 No.	공급처	색 상	혼용율	비 고
원 단	기모꾸리		1.2y					Cotton 100%	
배 색	립스탑							Nylon 100%	

· 부자재란 ·

부자재명	규격/폭	요척	소요량	비 고
지퍼	나일론 #5		1ea	
	나일론 #3		2ea	
봉사	60's/3		컬라매칭	
스티치사	30's/3		프린트칼라에 매칭	

· 완성치수 ·

부위 \ 호칭	S	M
어깨	16¼	16¾
상동	36½	38½
Hip	33	35
기장	24½	25
소매장	24½	25
소매부리	7	7¾
소매통	15½	16
A. H	8⅞	—
Neck	7 x 3¼	7½ x 3½

구 분		비 고
MAIN LABEL	DL 04	1ea
	DL 08	1ea
	DL 10	
완성자재	(BOX) / 행거	

	자 수	Print	기 타
LOGO		승진) #367	

봉제시 유의사항

SAMPLE 작 업 지 시 서 ①

ITEM	O/ NO	소 재	색 상	의뢰일	디자이너
Sweater	DSW 084	메리노울 36⅔/2 (7 Guage)	HKP	4/5	

Design

7cm

네이자수

2×2 double
1"

56

TRANSFIX

2×2

2×2
2" single

SIZE (90)	
기장	62
어깨너비	35
가슴둘레	89
소매기장	62
목둘레	
목깊이	
진동둘레	20
허리둘레	
엉덩이둘레	
밑위길이F	
밑위길이B	
밑단둘레	

부 자 재	
안감	/
단추	/
지퍼	/
P/LABEL	/
프린트(자수)	자수 없음

SWATCH

198 | FLAT SKETCHES for fashion designers

생 산 의 뢰 서 ⑦

결	디자이너	MD	실 장
재			

작성일 :

STYLE NO J 2 3 C S W 0 1 2

출 고 순

결	담 당	과 장	부서장	감 사
재				

생 산 처	생산구분		패 턴 제 작	Q		C		MAIN		제 조 원 가
씨아이	완사입	V	제작일	투입		투입				
	CMT		CAD	납기		납기			판 매 가	
	임가공		이관일	완료		완료				

색 상		D/Navy	D/Brown	
스 와 치				
생 산 량	S	105	105	
	M	105	105	
	L	90	90	
합 계		300	300	

	원단명	폭	요척	입고일	발주 No.	공급처	색상	혼용율	비 고
원단배색	Cotton 20s/2							면 100%	

상세도

- ㉟ Main 라벨 : 더면별제
- ㊱ Care라벨 : 매인라벨뒤기 기워들림
- ㊳ 위편
- ㊺ 2×2 Single
- 1″ 2×2 single
- 1″ 1″
- 2cm ③
- 1cm ②
- ㊼ 헤라시
- S : 2¾″
- M.L : 3″
- 2×2 single (2″)
- ㊲
- ㊽ 73 장식라벨 : 입어서 왼쪽 외까에 로고보이게 기워넣기
  - S ; 11cm
  - M.L ; 14cm
- D/Navy : DL 09(Navy바닥)
- D/Brown : DL10(Orange바닥)

⟨B/T Confirm Color #⟩		
① Body	② 1cm 암쪽래바색	③ 2cm 가운데래바색
D/Navy (8229A)	L/Beige (3395)	M/Orange (4410)
D/Brown (2945)	〃	D/Navy (8229A)

봉제시 유의사항

※ Cotton 5GG

• 부자재란 •				
부자재명	규격/폭	요척	소요량	비 고

• 완성치수 •				
부위 \ 호칭	S	M	L	
어깨	38	40	42 cm
상동	99	104	109
밑단	79	84	89
기장	65	67	69
A.H.	25.5	26.5	27.5
Neck	18×13	18.5×17.5	19×14

구 분		비 고
MAIN LABEL	JL03 1ea	
장식라벨	D/Navy → JL09	
	D/Brown → JL10	
완성자재	BOX / 행거	

	자 수	Print	기 타
LOGO			위편 #25

SAMPLE 작 업 지 시 서 ①

ITEM	O/ NO	소 재	색 상	의뢰일	디자이너
o/piece	JHOP0609	유내) 피치	peach	6/12	

Design

* 전체 킬녹.

가병무 추가 (포켓) (요크)

83 절뵈요꼬 11φ

47 내부 ½"

¼"폭 제천 스티링

½"

37½"
38"

SIZE (55)	
기장	38˝
어깨너비	14½
가슴둘레	35½
소매기장	15
목둘레	
목깊이	
진동둘레	
허리둘레	
엉덩이둘레	
밑위길이F	
밑위길이B	
밑단둘레	

부 자 재		
안감	다무다	
단추	11φ	12ea
지퍼	/	
P/LABEL	/	
프린트(자수)	/	

SWATCH
AD임2와 : Main 입고

② 첨)

① 기장 1½" ⊕ → 39½"

② 뒷중심선 없애고 요크선 入

③ 가슴포켓 入

④ 소매 낸단본 충분히주어, 소매 오아거 얁도록 유의.

⑤ 가슴다트 위치 ¼" ↑

⑥ 밑단둘레 1½" ⊕

생 산 의 뢰 서 ⑦

결	디자이너	MD	실 장
재			

작성일 :									
STYLE NO									
출 고 순									

결	담 당	과 장	부서장	감 사
재				

상세도

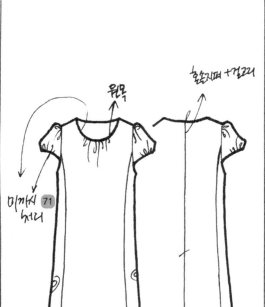

원목

홀조지퍼 +걸고리

미까시 ⑦

미까시 셔터

*) 제친 belt 자수

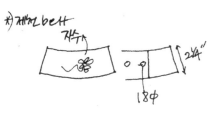

2¼"

18Φ

생 산 처	생산구분		패 턴 제 작		Q	C	MAIN		제 조 원 가
대면	완사입		제작일		부 입		투 입		
	CMT	V	CAD		낙 기		낙 기		판 매 가
	임가공		이관일		완 료		완 료		

색 상		white	yellow		
스 와 치					
생 산 량	55	50	50		
	66	50	50		
		230y	230y		
합 계		100	100		200

	원 단 명	복 요 척	입고일	발 주 No.	공 급 처	색 상	혼용율	비 고
원 단	또조마리	44" 2.3y					면100%	
배 색								

· 부자재란 ·

부자재명	규격/폭	요척	소요량	비 고
안감	44"		똘라다무다	
지퍼 (홀조)			1ea	
걸고리			1set	
단추	18Φ		2+1ea	

· 완성치수 ·

부위	호칭	55	66	
어 깨		14	14¼	
상 동		34¾	36¼	
허 리				
밑 단				
기 장		43	43¾	
A. H				
소 매 통				
소 매 단				
소 매 장		4¾	5	
목 둘 레				
후드고/폭				

구 분		비 고
MAIN LABEL	사뜻label 1ea	
완성자재	BOX / 행거	

	자 수	Print	기 타
LOGO	다미) Sunflower 3호.		

봉제시 유의사항

(Q.C) ⑧

① 허리줄임 (앞.뒤 판잡은만큼)

② 소매 와께 꺾임 주의

③ 소매단 펴프 중간 2"뜸으로 뭉기

④ 목둘레 펴프 골고루 잡기.

ITEM	O/ NO	소 재	색 상	의뢰일	디자이너
Jacket	JJK 0901	우명) 웨딩	Carmel	7/10	

Design

76 각면 살짝 낮검.
69 반달버드
21φ
78
21φ 톱스이바
75
18φ

SIZE (55)	
기장	24 3/8
어깨너비	14 5/8
가슴둘레	34
소매기장	23 7/8
목둘레	
목깊이	
진동둘레	
허리둘레	
엉덩이둘레	
밑위길이F	
밑위길이B	
밑단둘레	

부 자 재	
안감	폴리투윌 : 칼라매칭
단추	21φ : 1ea
	18φ : 6ea
지퍼	✗
P/LABEL	✗
프린트(자수)	✗

SWATCH
AD 맘2일 : 기 입고

② 가면)

① 카라 size 키움 (라인+tape선) : 뒷카라 ⊕

② 단추위치 살짝 욹임

③ 밑단넓이 3/16" 키우고, 허리 3/8" 풀기 ⟹ 29 3/4" 완방

④ 어깨size 늘지 않도록 바실 것

⑤ 뒷중심 처짐분량 들어주실 것

생 산 의 뢰 서 ⑦

<table>
<tr><td>결</td><td>디자이너</td><td>MD</td><td>심 장</td></tr>
<tr><td>재</td><td></td><td></td><td></td></tr>
</table>

작성일:
STYLE NO : N W O K - J K 0 3
출 고 순 :

<table>
<tr><td>결</td><td>담 당</td><td>과 상</td><td>부서장</td><td>감 사</td></tr>
<tr><td>재</td><td></td><td></td><td></td><td></td></tr>
</table>

상세도

카라 : 뗘묵~앞목 라운딩
X 앞중심 에리고시 ⑦0
산작 세워길 느낌옥.

럽이위오 높도록
재단

⑧

Q . C)
① 애리수정 : 뒷목둘레 곱임
② 가슴다아트 . 수평선으로
③ 뒤 뇌리 당림 수정
④ 또겟 위치 수정
⑤ 패드 X
⑥ 암홀 ↑

봉제시 유의사항

<table>
<tr><td colspan="2">생 산 처</td><td>생 산 구 분</td><td>패 턴 제 작</td><td>Q C</td><td>MAIN</td><td>제 조 원 가</td></tr>
<tr><td rowspan="3">감</td><td>완사입</td><td></td><td>제작임</td><td>투 입</td><td>투 입</td><td></td></tr>
<tr><td>CMT</td><td>V</td><td>CAD</td><td>남 기</td><td>남 기</td><td>라 매 가</td></tr>
<tr><td>임가공</td><td></td><td>이관임</td><td>완 료</td><td>완 료</td><td></td></tr>
</table>

<table>
<tr><td>색 상</td><td></td><td>Wine</td><td>Green</td><td></td></tr>
<tr><td>스와치</td><td></td><td></td><td></td><td></td></tr>
<tr><td rowspan="4">생 산 량</td><td>55</td><td>45</td><td>45</td><td></td></tr>
<tr><td>66</td><td>35</td><td>35</td><td></td></tr>
<tr><td></td><td>12oy</td><td>12oy</td><td></td></tr>
<tr><td></td><td></td><td></td><td></td></tr>
<tr><td>합 계</td><td></td><td>80</td><td>80</td><td>160</td></tr>
</table>

<table>
<tr><td>원 단</td><td>원 단 명</td><td>폭</td><td>요 척</td><td>임고임</td><td>발주 No.</td><td>공 급 처</td><td>색 상</td><td>혼용율</td><td>비 고</td></tr>
<tr><td></td><td>렌스벨베떼 (점유)</td><td></td><td>1.5y</td><td></td><td></td><td></td><td></td><td>면100%</td><td></td></tr>
<tr><td>배 색</td><td></td><td></td><td></td><td></td><td></td><td></td><td></td><td></td><td></td></tr>
</table>

· 부자재란 ·

<table>
<tr><td>부자재명</td><td>규격/폭</td><td>요 척</td><td>소요량</td><td>비 고</td></tr>
<tr><td>안감</td><td></td><td></td><td>풀러르엄</td><td></td></tr>
<tr><td>심지</td><td></td><td></td><td></td><td></td></tr>
<tr><td>다떼Tape</td><td></td><td></td><td></td><td></td></tr>
<tr><td>단추</td><td>23φ</td><td></td><td>3+1 ea</td><td></td></tr>
<tr><td></td><td>18φ</td><td></td><td>4+1 ea</td><td></td></tr>
</table>

· 완성치수 ·

<table>
<tr><td>부위</td><td>호칭</td><td>55</td><td>66</td><td></td></tr>
<tr><td>어 깨</td><td></td><td>14¾</td><td>15</td><td></td></tr>
<tr><td>상 동</td><td></td><td>36¼</td><td>37¾</td><td></td></tr>
<tr><td>허 리</td><td></td><td></td><td></td><td></td></tr>
<tr><td>밑 단</td><td></td><td></td><td></td><td></td></tr>
<tr><td>기 장</td><td></td><td>23½</td><td>24</td><td></td></tr>
<tr><td>A. H</td><td></td><td></td><td></td><td></td></tr>
<tr><td>소 매 통</td><td></td><td>11</td><td>11¼</td><td></td></tr>
<tr><td>소 매 단</td><td></td><td></td><td></td><td></td></tr>
<tr><td>소 매 상</td><td></td><td>24¼</td><td>24½</td><td></td></tr>
<tr><td>목 둘 레</td><td></td><td></td><td></td><td></td></tr>
<tr><td>후드고/봉</td><td></td><td></td><td></td><td></td></tr>
</table>

<table>
<tr><td>구 분</td><td></td><td>비 고</td></tr>
<tr><td>MAIN LABEL</td><td>HW-83</td><td>1ea</td></tr>
<tr><td></td><td></td><td></td></tr>
<tr><td></td><td></td><td></td></tr>
<tr><td>완성자재</td><td></td><td>BOX / 행거</td></tr>
</table>

<table>
<tr><td rowspan="2">LOGO</td><td>자 수</td><td>Print</td><td>기 타</td></tr>
<tr><td></td><td></td><td></td></tr>
</table>

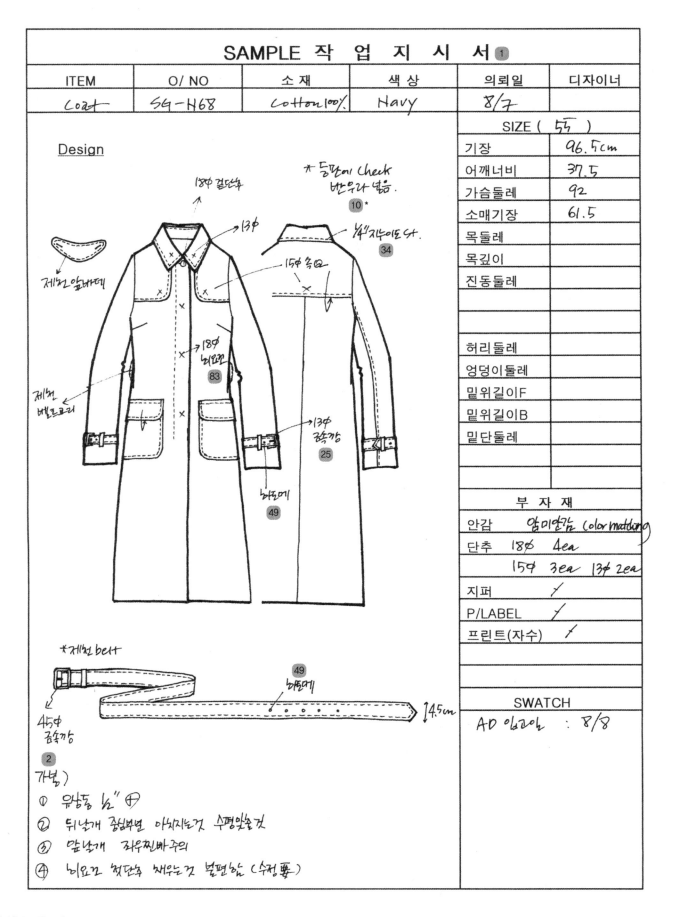

SAMPLE 작 업 지 시 서 ①

ITEM	O/ NO	소 재	색 상	의뢰일	디자이너
Coat	SG-H68	Cotton 100%	Navy	8/7	

SIZE (55)	
기장	96.5cm
어깨너비	37.5
가슴둘레	92
소매기장	61.5
목둘레	
목깊이	
진동둘레	
허리둘레	
엉덩이둘레	
밑위길이F	
밑위길이B	
밑단둘레	

Design

* 등판에 Check 반우라 넣음. ⑩ *

18Φ 걸단추
13Φ
¼" 지누이도 St. ㉞
15Φ 속Q
제천 앞바데
18Φ 녀인요 ㊸
제천 벨르크로지
13Φ 금속깡 ㉕
나뜨메 ㊾

부 자 재	
안감	얌미안감 Color matching
단추	18Φ 4ea
	15Φ 3ea 13Φ 2ea
지퍼	∕
P/LABEL	∕
프린트(자수)	∕
SWATCH	
AD 미리요 : 8/8	

*제천 belt
㊾
나뜨메
145cm
45Φ 금속깡
②

가녕)
① 유남동 ½" ⊕
② 뒤낭개 중심부면 아치지노것 수평안올것
③ 앞낭개 좌우찐빠주의
④ 뇌요고 첫단추 채우노것 불편함 (수정要)

생 산 의 뢰 서 ⑦

결재	디자이너	MD	실 장
재			

STYLE NO ☐ D 3 1 S C T 0 1 0 0

출고용: spring 거림(1-2月)

결재	담 당	과 장	부서장	감 사
재				

생 산 처	생 산 구 분		패 턴 제 작		Q	C	MAIN	세 조 원 가
ADI	완사입		제작일	투 입	투 입		
	CMT	✓	CAD	납 기	납 기	판 매 가	
	임가공		이관일	완 료	완 료		

색 상		Beige	Black	
스 와 치				
	55	23	31	
생	66	30	37	
산	77	12	16	
량		150y	193y	
합 계		65	84	149

	원 단 명	폭	요 척	입고원	발 주 No.	공 급 처	색 상	혼 용 율	비 고
원 단	기획별도처리	54"	2.3y			또연		모100%	
배 색									

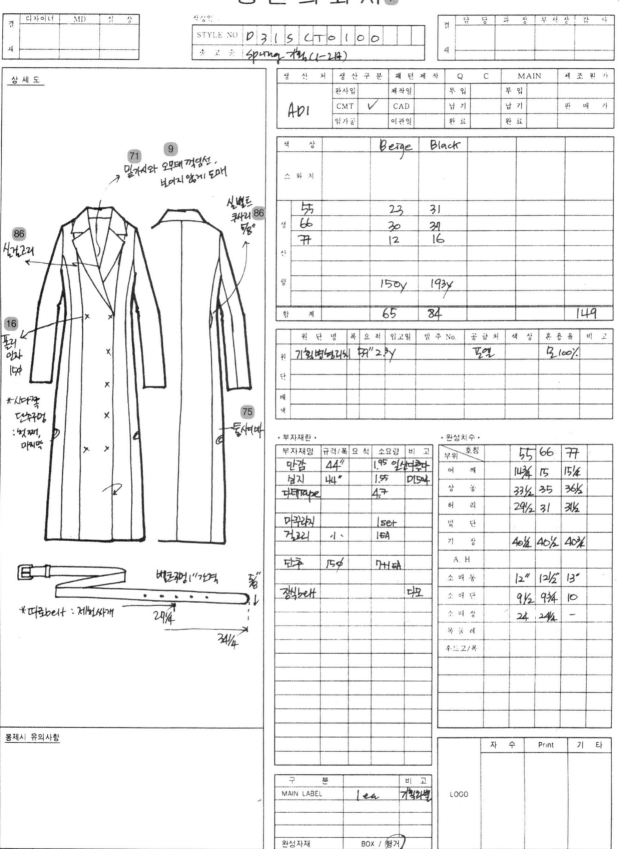

상세도

71 / 9
밑겨서와 오무데 꺾임선.
보여지 않게 도매

86 신벨트
쿠라리
5/8"

86 신건고리

16 폴리
인자
150

*사이쪽
단춧구멍
:첫째,
마지막

75
통사이바

벨크로폭1"간격
5/8"
24/4
34/4

*따로belt : 제천싸개

봉제시 유의사항

부자재란

부자재명	규격/폭	요 척	소요량	비 고
안감	44"		1.95	일산더하라
섭지	44"		1.55	DI504
다테tape			4.7	
마구라지			1set	
걸고리	小		1EA	
단추	15Ø		7개EA	
장식belt				다모

완성치수

부위	호칭	55	66	77
어 깨		14¾	15	15¼
상 흉		33½	35	36½
허 리		29½	31	31½
밑 단				
기 장		40¼	40½	40¾
A.H				
소 매 통		12"	12½	13"
소 매 단		9½	9¾	10
소 매 상		24	24½	—
목 둘 레				
후드고/폭				

구 분		비 고
MAIN LABEL	1 ea	기획라벨
완성자재	BOX /⟨행거⟩	

	자 수	Print	기 타
LOGO			

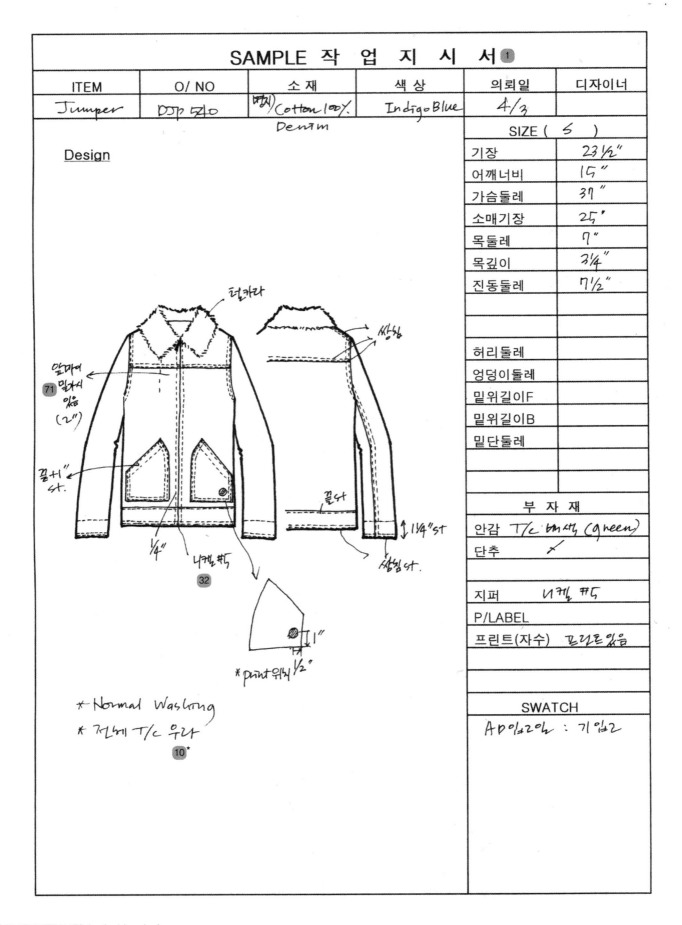

SAMPLE 작 업 지 시 서 ①					
ITEM	O/ NO	소 재	색 상	의뢰일	디자이너
Jumper	DJP 540	명지) Cotton 100% Denim	Indigo Blue	4/3	

Design

렁카라

쌍심

앞마이 밀커시 있음 ⑦ (2")

끝+1" st.

끝사

끝사

↕ 1¼" st

¼"

니켈 #5

③

샹심 st.

↑ 1" ↓ ½

* print 위치 ½"

* Normal Washing
* 전체 T/c 우라
⑩ *

SIZE (S)	
기장	23½"
어깨너비	15"
가슴둘레	37"
소매기장	25"
목둘레	7"
목깊이	3¼"
진동둘레	7½"
허리둘레	
엉덩이둘레	
밑위길이F	
밑위길이B	
밑단둘레	

부 자 재	
안감	T/c 바색 (green)
단추	✗
지퍼	니켈 #5
P/LABEL	
프린트(자수)	프린트없음

SWATCH
AD임2라 : 기임2

생 산 의 뢰 서 ⑦

결	디자이너	MD	신 상
재			

상성원			
STYLE NO	D3FJM - 094		
출 고 순			

결	담 당	과 장	부서장	감 사
재				

상세도

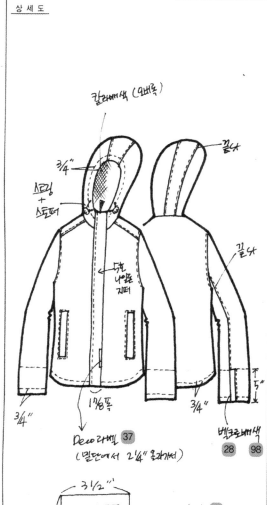

칼라배색 (9배색)

3/4"

스트링 + 스토퍼

끝나

끝나

5호 나일론 지퍼

3/4"

3/4"

1 7/8 폭

Deco 라벨 ③⑦
(밑단에서 2 1/4" 올라가서)

벨크로배색 ②⑧ ⑨⑧

3/4"

5"

3 1/2"

2"

match label ③⑤

care 라벨 ③⑥

★ Main Label, 뒷중심에서
1" 떨어져서 라벨판(2×3 1/2)안에
나면봉제.

봉제시 유의사항

생 산 처	생산구분		패 턴 제 작		Q	C	MAIN		제 조 원 가
대인	완사입		제작원		투입		투입		
	CMT	✓	CAD		납기		납기		판 매 가
	임가공		이관일		완료		완료		

색 상		M/Beige	4/Blue	
스 와 치				
생산량	S	120	120	
	M	80	80	
		360Y	360Y	
합 계		200	200	400

	원 단 명 / 폭	요 척	입고일	발주 No	공급처	색 상	혼용율	비 고
위단	DKNY N/C	1.8y			성안		N/C 20spu	
배색								

• 부자재란 •

부자재명	규격/폭	요 척	소요량	비 고
안감				mesh
배색				poly
풀러웨빙				
콘나켄어리것			8ea	
나일론 지퍼	5호		1ea	앞여미
	3호		2ea	주머니
스트링+스토퍼	(Navy)		4ea	밑자락
벨크로 배색				
봉사	60's/3		⎫ color	
스티치사	30's/3		⎭ matching	

구 분		비 고
MAIN LABEL	DL-01	
완성자재	BOX / 행거	

• 완성치수 •

부위 호칭	S	M
어 깨	15 1/2	15 7/8
상 동	39 3/4	41 3/4
허 리		
밑 단	40 1/2	42 1/2
기 장	26	26 1/2
A. H		
소 매 통	14 1/2	15 1/8
소 매 단	12	12 3/8
소 매 장	24 1/2	24 1/2
목 둘 레		
후드고/폭	9 1/2 × 13 1/2	—
목길이(줄여)	2 3/4	—
앞주머니	3/4 × 6	—

	자 수	Print	기 타
LOGO			

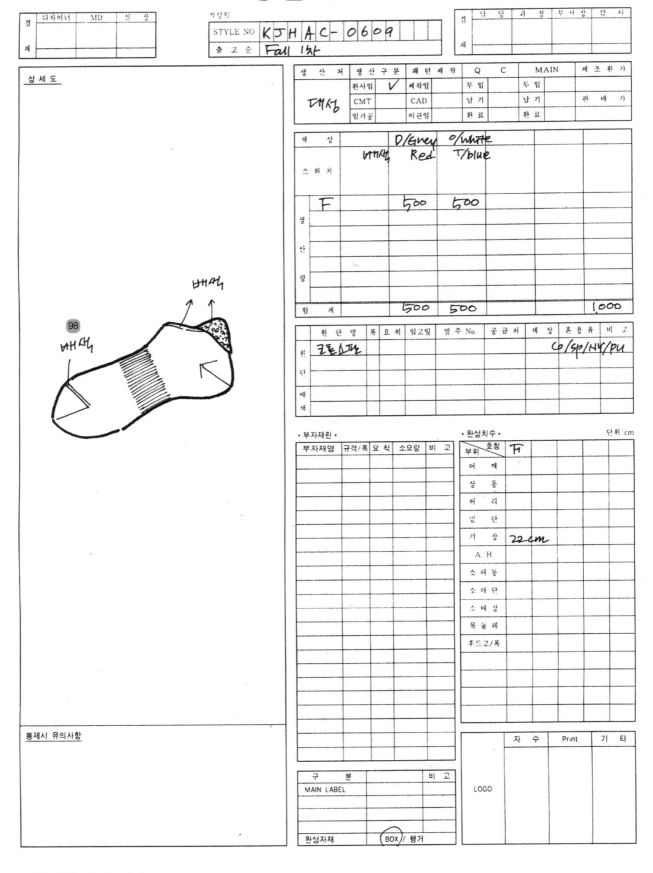

결	디자이너	MD	실 장
재			

작성인

STYLE NO　KJHAC-0609

출 고 순　Fall 1차

결	담 당	과 장	부 서 장	감 사
재				

상세도

배색

98

배색

생 산 처	생 산 구 분		패 턴 제 작		Q C		MAIN		제 조 원 가
대성	완사입	V	제작일		부 입		부 입		
	CMT		CAD		납 기		납 기		판 매 가
	임가공		이관일		완 료		완 료		

색 상		D/Grey	O/white				
스 위 치	배색	Red	T/blue				
생	F	500	500				
산							
량							
합 계		500	500				1,000

	원 단 명	폭	요 척	입고일	발주 No.	공 급 처	색 상	혼 용 율	비 고
원 단	코트스판							Co/SP/HY/PU	
배 색									

• 부자재란 •

부자재명	규격/폭	요 척	소요량	비 고

• 완성치수 •　　　　　　　단위 :cm

부위 \ 호칭	F			
어 깨				
상 동				
허 리				
밑 단				
가 상	22cm			
A. H				
소 매 농				
소 매 단				
소 매 상				
목 둘 레				
후드고/폭				

구 분		비 고
MAIN LABEL		
완성자재	BOX / 행거	

	자 수	Print	기 타
LOGO			

봉제시 유의사항

생 산 의 뢰 서 ⑦

결	디자이너	MD	실 장
재			

작성일 :
STYLE NO　KJHAc-0726
출고순

결	담 당	과 장	부서장	감 사
재				

상세도

〈겉〉Indigo 데님

나2

1.5cm

자수

실아일렛

〈안〉 나일로

0.5cm 셌을때 왼쪽에
오도록.

나일로

생 산 처	생산구분		패턴제작		Q C		MAIN		제조원가	
이스터	완사입	✓	제작일		투입		투입			
	CMT		CAD		납기		납기		판매가	
	임가공		이관일		완료		완료			

색 상		INDIGO				
스와치	바이어 Yellow					
생산상	F	300				
합 계		300			300	

	원단명	폭	요척	입고일	발주 No.	공급처	색 상	혼용율	비 고
원단	true souls 데님	58"	0.2y					면100%	
배색	Nylon Ripstop							나일론100%	

• 부자재란 •

부자재명	규격/폭	요척	소요량	비고
안감	Nylon100%			
봉사	30's/3	Color matching		

• 완성치수 •
단위 cm

부위	호칭	F
어 깨	둘레	60.5 cm
상 동	깊이	8
허 리	챙길이	5.3
밑 단		
기 장		
A. H		
소매봉		
소매단		
소매상		
목둘레		
후드고/폭		

봉제시 유의사항

* Reversible
* Normal Washing

구 분		비 고
MAIN LABEL	JH-02	lea
정사label	JH-06	lea
완성자재	(BOX) 행거	

	자 수	Print	기 타
LOGO	(연)리) #JH3		

생 산 의 뢰 서 ⑦

결	디자이너	MD	심 장
재			

STYLE NO K J H A C - 1 2 2 6
출 고 순 Fall 1차

결	담 당	과 장	부서장	감 사
재				

상세도

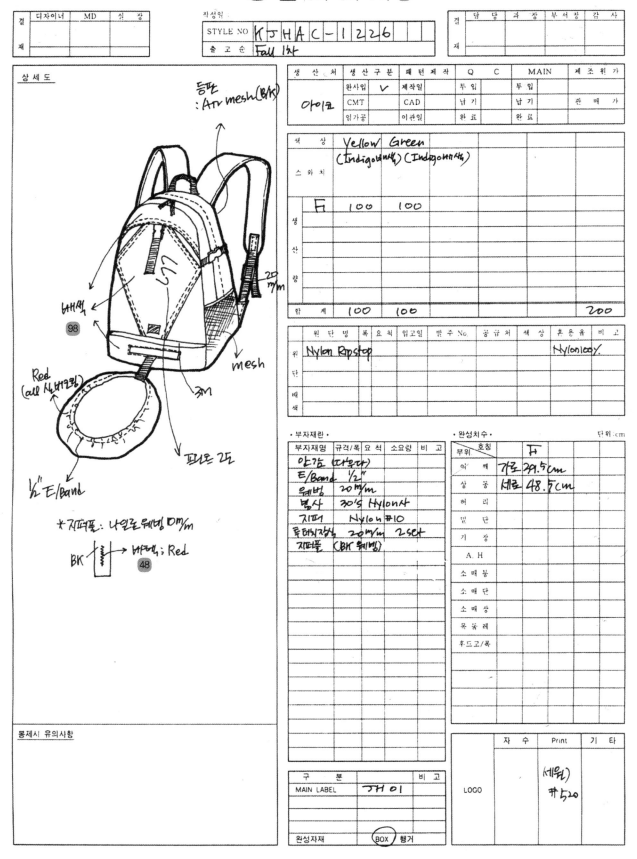

등판
: Air mesh (BK)

배색
98

Red
(all 사,버I7림)

½" E/Band

* 지퍼풀: 나일론 웨빙 0m/m

BK → 배색 ; Red
48

mesh

3M

피리르 2코

생 산 처	생산구분	패턴제작	Q C		MAIN	제 조 원 가
아이쿄	완사입	✓	제작일	투 입	투 입	
	CMT	CAD	납 기	납 기	판 매 가
	임가공	이관일	완 료	완 료	

색 상	Yellow Green (Indigo배색) (Indigo배색)							
스 와 치								
생 산 량	F	100	100					
합 계		100	100					200

	원단명	복	요 척	입고일	발주 No.	공급처	색 상	혼용율	비 고
원단배색	Nylon Ripstop							Nylon100%	

• 부자재란 •

부자재명	규격/폭	요 척	소요량	비 고
안감 (다후다)				
E/Band	½"			
웨빙	20m/m			
본사	30's Nylon사			
지퍼	Nylon #10			
투명화장식	20m/m	2set		
지퍼풀 (BK 웨빙)				

• 완성치수 •
단위:cm

부위	호칭	F		
어 깨		가로 39.5cm		
상 동		세로 48.5cm		
허 리				
밑 단				
기 장				
A. H				
소 매 통				
소 매 단				
소 매 장				
목 둘 레				
후드고/목				

구 분		비 고
MAIN LABEL	JH 01	
완성자재	BOX 행거	

	자 수	Print	기 타
LOGO		(세원) #520	

몸제시 유의사항

생산의뢰서 7

결재	디자이너	MD	실장

사생일

STYLE NO	KJHAC-0219
출고순	Fall 1차

결재	담당	과장	부서장	감사

상세도

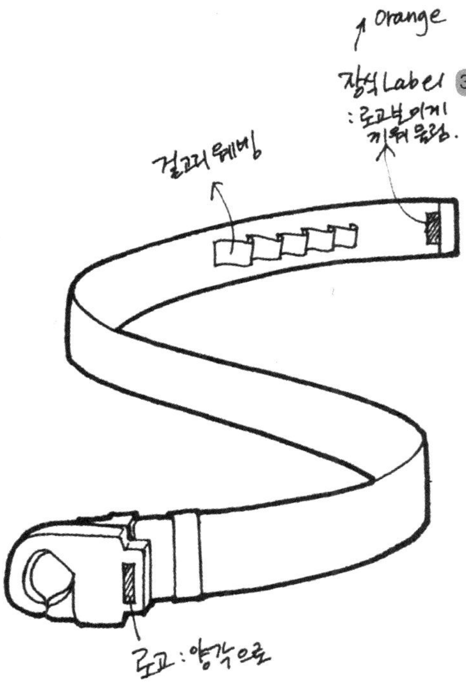

Orange
장식Label 37
:로고보이게 끼워 물림.
걸고리웨빙
로고:양각으로

봉제시 유의사항

생산처	생산구분		패턴제작		QC		MAIN		제조원가
세미	완사입	✓	제작인		투입		투입		
	CMT		CAD		납기		납기		판매가
	임가공		이관일		완료		완료		

색상			Khaki				
스와치							
생산량	26		250				
	28		450				
합계			700				700

	원단명	폭	요척	입고일	발주 No.	공급처	색상	혼용율	비고
원단	폴리웨빙							폴리100%	
배색									

• 부자재란 •

부자재명	규격/폭	요척	소요량	비고

• 완성치수 •

부위 \ 호칭		26	28		
어깨					
상동					
허리					
밑단					
기장		30"	33"		
A. H					
소매통					
소매단					
소매상					
목둘레					
후드고/폭					

구분		비고
MAIN LABEL	JH-05	
장식Label	JH-10	
완성자재	BOX / 행거	

	자수	Print	기타
LOGO			

BS

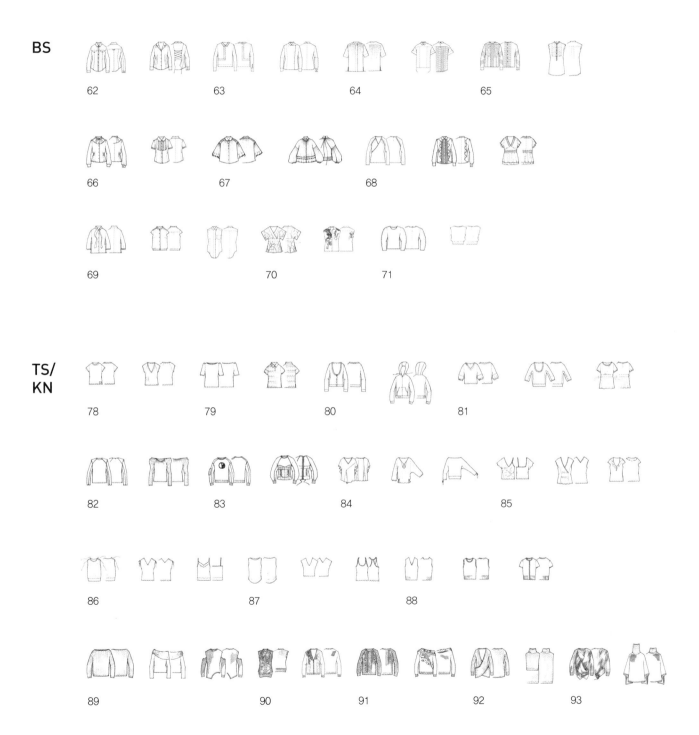

62

63

64

65

66

67

68

69

70

71

TS/ KN

78

79

80

81

82

83

84

85

86

87

88

89

90

91

92

93

OP

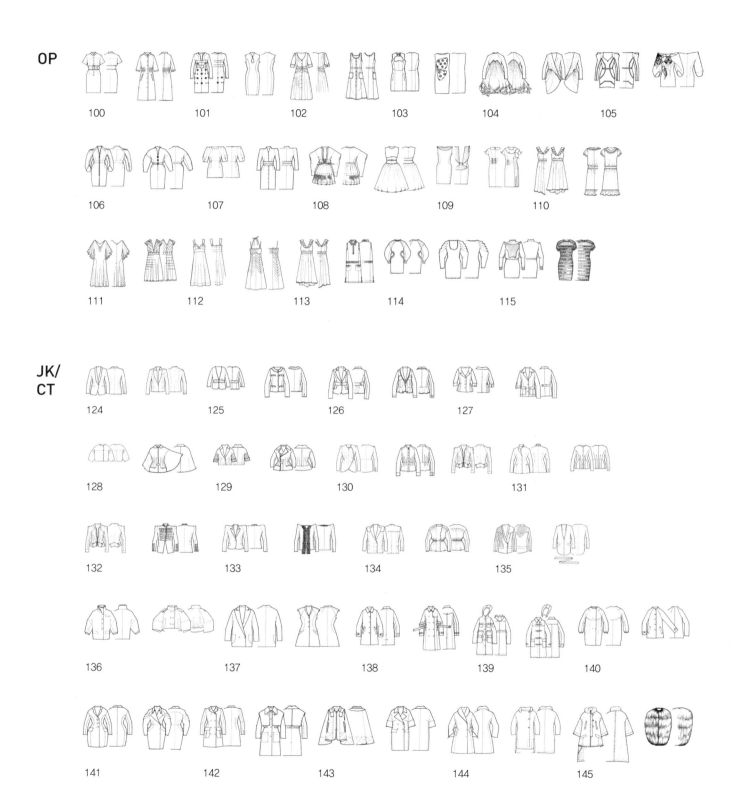

100   101   102   103   104   105

106   107   108   109   110

111   112   113   114   115

JK/CT

124   125   126   127

128   129   130   131

132   133   134   135

136   137   138   139   140

141   142   143   144   145

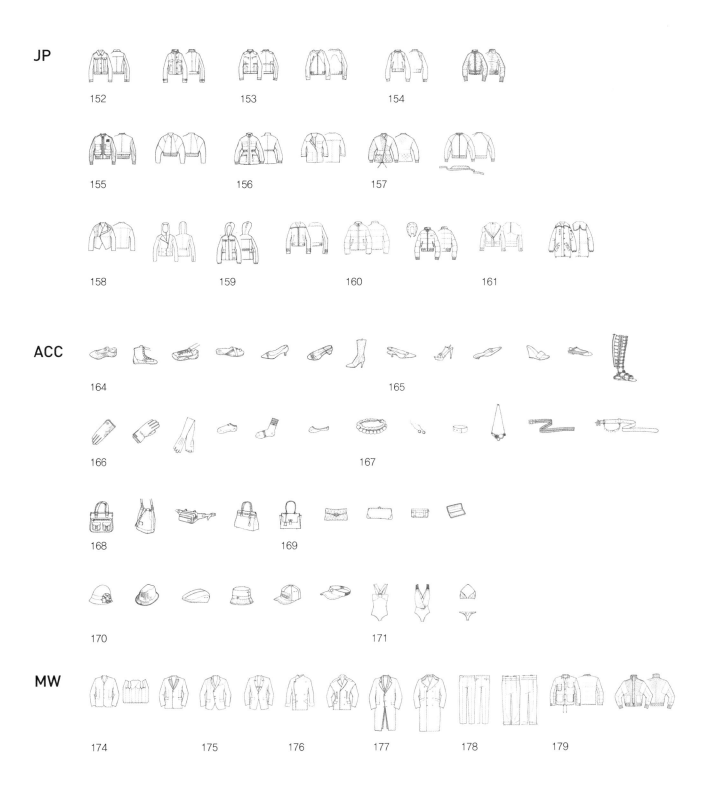

JP

152   153   154

155   156   157

158   159   160   161

ACC

164   165

166   167

168   169

170   171

MW

174   175   176   177   178   179

resources

이 책에 수록된 도식화는 다양한 실루엣과 디테일을 위하여 저자의 디자인, 저자 소유의 옷 그리고 www.firstviewkorea.co.kr의 디자이너 컬렉션을 다수 참고 및 변형하여 그린 것이다. 참고 및 변형한 컬렉션의 디자이너와 시즌은 다음과 같다. **SK** 11fw Carolina Herrera, Lanvin, Dior, Pucci, 12ss Doo.ri, Balenciaga, Givenchy, Acne, Miumiu, 12fw Givenchy, Louis Vuitton **PT** 10ss Alexander Wang, 11ss Balenciaga, 11fw Rodarte, Limi Feu, 12ss Issey Miyake, Balenciaga **BS** 09ss Tao, Chloe, 11ss Christopher Kane, 11fw Alexander Wang, 12ss Celine, Balenciaga, Lanvin, 12fw Alexander Wang, Hexa by Kuho, See by Chloe, Chloe **TS** 09fw Louis Vuitton, 10ss Alexander Wang **KN** 11fw Doo.ri, Isabel Marant, Alexander Wang, 12fw Derek Lam **OP** 08fw Marni, 09ss Julien Macdonald, 09fw John Galliano, 10ss Alexander Mcqueen, Alexander Wang, 10fw Balmain, Chanel, 11ss Sandra Backlund, 11fw Marios Schwab, Osca de la Renta, Mugler, 12ss Carven, Doo.ri, Ann-Sofie Back, Carven, 12fw 3.1 Philip Lim, Chalayan, Mary Katrantzou, Lanvin, Jason Wu, Alexander Mcqueen **JK/CT** 08fw Pringle, 09ss Louis Vuitton, Balmain, 09fw Balmain, 10ss Julien Macdonald, 10fw Dries Van Noten, 11fw Junya Watanabe, Nina Ricci, Alexander Wang, 12fw Givenchy, Balmain, Alberta Ferretti, Proenza Schouler, Balenciaga, Hexa by Kuho, Marc Jacobs **JP** 12ss 3.1 Philip Lim, 12fw Acne, Alexander Wang **ACC** W-planet, Boltega Veneta, Christian Louboutin, Miumiu, Mara Hoffman **MW** 11ss Kris Van Assche, 12ss Juun J, 12FW Vivien Westwood, Limi feu, Lanvin, Dries Vau Noten, Juun J

Author's Acknowledgements

책이 나오기까지 도움을 주신 모든 분들께 감사드립니다. 우선, SADI 'Fashion Technical Drawing' 수업에서 보여준 학생들의 여러 시행착오는 이 책의 소중한 자료가 되었습니다. 많은 실수를 범하고, 또 눈부신 발전을 보여주신 제자들께 감사드립니다. 책 작업에 큰 도움을 주었던 김영미님께도 감사를 드립니다. 까다로운 요구와 세세한 교정에 수고해주신 교문사의 여러분들께도 감사드립니다. 예비 디자이너들과 여러 다른 이유로 이 책을 접하는 많은 분들께 도움될 수 있도록 지속적인 작업을 약속드립니다.

저 자 소 개

박주희는 서울대 의류학과를 졸업한 뒤
뉴욕주립대 Fashion Institute of Technology를 거쳐
서울대 대학원에서 석사 및 박사 학위를 취득했다.
아쿠아스큐텀, 인터패션플래닝, 체이스컬트에서 디자이너로,
나프나프, 스테파넬, 디디피에서 디자인실장으로 실무를
경험했으며, SADI 패션디자인학과에서 교육을 시작하여
현재는 국민대학교 의상디자인학과 교수로 재직 중이다.

FLAT SKETCHES
for fashion designers

2012년 10월 8일 초판 발행 | 2024년 1월 20일 12쇄 발행

지은이 박주희 | **펴낸이** 류원식 | **펴낸곳 교문사**

편집팀장 성혜진 | **본문편집** 신나리

주소 (10881)경기도 파주시 문발로 116 | **전화** 031-955-6111 | **팩스** 031-955-0955
홈페이지 www.gyomoon.com | **E-mail** genie@gyomoon.com
등록 1968. 10. 28. 제406-2006-000035호
ISBN 978-89-363-1316-6(93590) | **값** 24,000원